JN232067

今日から
モノ知り
シリーズ

トコトンやさしい

養殖の本

私たちの食卓に欠かせない魚。おいしい魚を一年中いつでも食べられるよう、養殖は世界各地で日々行われています。本書では、マグロをはじめとする様々な魚の養殖や、養殖を支えている技術、これから養殖がどのように変わっていくのかについてやさしく解説します。

近畿大学水産研究所　編

B&Tブックス
日刊工業新聞社

はじめに

近年の世界人口の増加や魚食による健康ブームもあり、魚介類の養殖生産量は急速に伸び続けています。この、より身近になった養殖について、どれくらいの方が正しく理解されているのでしょうか。

2005年に、水産庁は「食料品消費モニター調査」を実施し、その中に「不安を感じる食品」という項目を作りました。その結果、国内産天然魚介類の鮮魚に不安を感じる人はわずか1%でした。一方、養殖物に対しては5・8%の人が不安を感じていると回答しています。年齢別にみると、30～50代では22～28%と高く、この世代では年齢が増すほど、不安に感じると回答された方が多い傾向がありました。この世代の人たちがお刺身やお寿司を食べ始めた頃の1970年代は、小割式網生簀養殖の普及によってブリの養殖が急伸し、また1980～90年代にはマダイの生産量も増加するなど、給餌養殖が盛んに行われていました。この時期は、冷凍イワシなどの生餌を過剰に与え、抗生物質や抗菌剤を投与、生簀網に有機スズ系の防汚剤の使用、赤潮の発生など、養殖魚は海洋汚染の元凶として、国民の意識に深く刻まれていたことが理由ではないかと思います。特に、冷凍設備や鮮度管理技術が十分ではなかったことから、保存されたイワシは酸化し、養殖ブリもイワシ臭が感じられたほどでした。そのため「養殖ブリは臭い」という印象を多くの方が持たれたことでしょう。一方、20代は「不安に感じる食品」

として、天然vs養殖、国産vs外国産で比較するといずれも7～10％と差がなく、特に産地や天然物にこだわっていないようです。1980～90年代になると、イワシなどの生餌を主体とした餌から、徐々に配合飼料への転換が進みました。さらに1990年代後半には養殖業に関する法律も整備され、水産用に使用可能な医薬品の種類と濃度、休薬期間などの制限や漁場環境の管理などが徹底されるようになり、養殖方法や養殖魚の質的な改善が実現されました。これらの成果によって、20代の人に養殖魚が認められるようになり、天然魚との差が小さくなってきたのでしょう。

では、調査から15年経った現在はどうでしょうか。多くの回転ずしチェーン店や大型、中小スーパーの鮮魚コーナーには、ノルウェー産やチリ産の養殖サーモン・トラウト、国内で養殖されたブリやカンパチ、シマアジ、マダイ、国内や海外からの養殖クロマグロ、ミナミマグロなどが天然物と同じ規模で売り場に並べられています。いまだに天然魚へのこだわりが強い人を除いて、15年経った現在では、養殖魚は広く普及しているのを感じることができます。

最近の東京都中央卸売市場における鮮魚の品目別扱い量と月別単価をみると、ブリ（ハマチ）では天然、養殖ともに、入荷量は季節によって大きな変動があります。そして天然物は入荷量が多くなると単価が下がり、少ないと単価が上昇するという傾向があります。一方、養殖物は価格が安定し、しかも天然物よりも高い値段で取引されています。カンパチでも同様な傾向がみられます。マダイでは養殖物が天然マダイの単価を超えることはまれですが、単価は安定し、市場での取扱い量は天然をはるかに超えています。このように鮮魚卸売市場でも、養殖魚が重要な地位を占めるようになっています。これらの例でもわかるように、養殖はこの四半世紀あまりの間に大きく変貌を遂げているのです。

本書では特に海水魚類の養殖を中心に、養殖に関係した話題を広く取り上げ、可能な限り平易に理解していただけるように心がけました。特にマグロについては世界で初めてクロマグロの完全養殖に成功した近畿大学水産研究所（近大水研）として、特に詳しく解説をしています。また、近大水研が60年前から取り組んできた、親魚から採卵し、仔魚を稚魚まで育て（種苗生産）、その人工の稚魚を成魚まで養殖する「完全養殖」に関する技術の歴史、現状、課題などについて最新の情報も含めて説明しています。

２０１５年の国連サミットでは国連加盟の１９３の国によって「持続可能な開発目標（ＳＤＧｓ）」が採択されました。その中には「海の豊かさを守ろう」という項目があり、天然資源だけではなく養殖にもこの目標が課せられています。天然資源を持続的に利用することを目指し、そのために天然種苗に依存しない、影響を与えない「完全養殖」の重要性は今後ますます高まっていくことと思います。

本書によって、皆さんが「養殖」への理解をトコトン深め、天然魚と養殖魚の違いやそれぞれの資源の重要さなどを脳裏に描きながら、おいしい魚をたくさん食べて頂けると幸いです。

近畿大学水産研究所・農学部水産学科水産増殖研究室

はじめに……1

第1章 養殖の基本を知ろう

第2章 卵から魚を育てる生産技術を知ろう

第3章 クロマグロとその完全養殖を知ろう

第4章 さまざまな養殖を知ろう

第5章 餌や飼料の大切な役割を知ろう

第6章 漁場環境を整える

第7章 より優れた品種を誕生させる

第8章 養殖の課題と対策、最新の技術を知ろう

コラム

第1章

養殖の基本を知ろう

1 養殖とは、増殖とは

水産資源を増やす方法

まずそれぞれのことばの意味を確認しておきます。「養殖」について、広辞苑（岩波書店 第七版）では「魚介・海藻などを生簀（いけす）や籠・縄・池などを使って人工的に飼育すること。海水養殖ではタイ・ブリなどの魚類、カキ・真珠貝などの貝類、ノリ・ワカメなどの海藻類、クルマエビなどの甲殻類があり、淡水養殖では、コイ・ウナギ・ニジマス・アユなどがある。」と書かれています。本来、養殖ということばは、生物全般を人工的に育てることを指しますが、陸生植物では栽培、哺乳類では畜産または酪農、鶏では養鶏という用語が利用されるので、養殖は主に水生生物に対して使われています。一方、「増殖」について広辞苑では「ふえて多くなること、ふやして多くすること。生物の個体・細胞などが数を増す現象」と書かれており、こちらは文字通り数や量の増加を意味しています。

（独）水産総合研究センター養殖研究所は養殖について「区画された水域を専用して水産生物を所有し、それらの繁殖及び生活を積極的に管理・育成して収穫する手段」と定義しており、「養殖漁業」は個人または団体（企業など）による営利事業を表しています。一方、１９６０年ごろまで増殖は魚礁の設置、築磯、漁獲規制などによって天然資源を保護、増加させることを意味してきました。１９６３年に瀬戸内海栽培漁業協会が発足（後の日本栽培漁業協会）して人工種苗の放流による資源保護、増加が盛んに行われるようになると、増殖のうち種苗放流については「栽培漁業」と呼ばれるようになりました。１９８２年に排他的経済水域が設定されて遠洋漁業が制限されるようになると、わが国では「獲る漁業」から「つくり育てる漁業」への転換を迫られるようになり、現在では「つくり育てる漁業」の中に栽培漁業を含む「増殖」と「養殖」とが含まれています。

要点BOX

- 養殖は水生生物を人工的に飼育すること
- 増殖は天然資源を保護、増やすこと
- 時代とともに漁業の形は変わってきた

水産物を育てて増やす方法

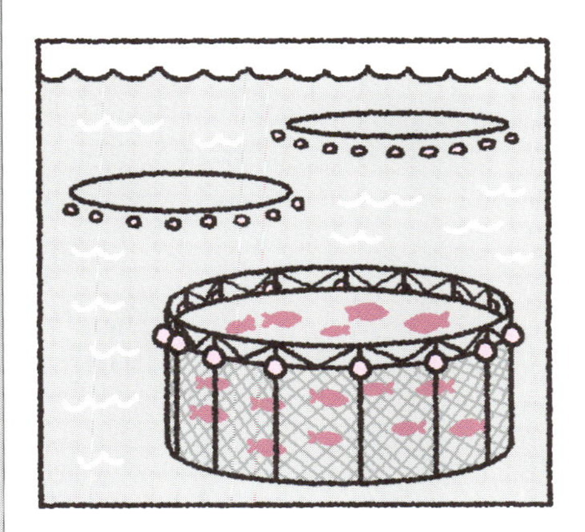

網生簀養殖

築磯

ワカメの養殖

種苗放流（栽培漁業）

養殖　　　　増殖

両方とも「つくり育てる漁業」の一種

2 伸び続ける水産物需要を支える養殖

世界の養殖生産量は急増中

１９６５年に約33億人であった世界人口は、２０１５年には74億人に増加し、２０３０年には85億人に達すると推定されています。人口が増えれば当然たくさんの食糧が必要になりますが、農業生産量は伸び悩んでいます。一方、経済発展の進む新興国や途上国では、生活水準の向上により芋類などの伝統的主食からタンパク質を多く含む肉、魚などへと食生活の移行が進んで、肉類や魚介類の需要が伸び続けています。

世界の食用魚介類の消費総量は人口の増加もあって過去50年間で約５倍に達し、特に、もともと魚食習慣の強いアジア、オセアニア地域で顕著な増加を示しています。

国連食糧農業機関（ＦＡＯ）の統計によると、世界の漁業生産量は１９９０年代以降約９０００万トンで横ばいですが、その原因の一つとして、世界の水産資源の利用状況が挙げられます。

２０１６年の資源状況をみると、過剰利用または枯渇状態の資源と満限利用の状態にある資源がほとんどで、漁獲を増やすことが可能な資源はわずか15％しか残されていません。一方、養殖生産量は、伸び続ける水産物需要を補うべく急速に伸び、１９９０年に約１７００万トンであった生産量は２０１６年には約１１０００万トンに達しています。そのうち海水魚（サケ・マス類も含む）は約１５０万トンから約７７０万トンと約５倍に、淡水魚は約７１０万トンから約４６００万トンと６倍以上に伸びています。生産量では海水魚に比べて淡水魚のほうがはるかに大きく上回っています。

日本国内の漁業生産量は１９９０年で１１００万トンあったものの、２０１６年には４００万トンにまで減少しています。養殖生産量も１４０万トンが１１０万トンと漁業ほどではありませんが減少傾向にあります。日本は世界のトレンドと逆ですね。

要点BOX
- ●水産物需要の伸びは養殖が支えている
- ●海水魚より淡水魚のほうが生産量が多い
- ●日本の漁業生産量は減少傾向にある

世界の漁業・養殖生産量の推移

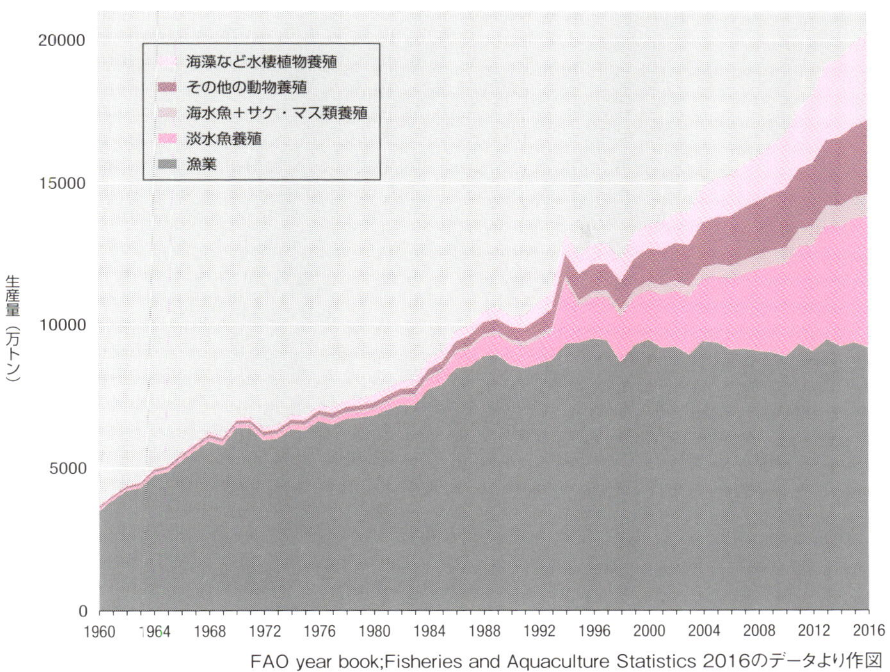

FAO year book;Fisheries and Aquaculture Statistics 2016のデータより作図

日本の漁業・養殖生産量の推移

海面養殖
内水面養殖
海面漁業
内水面漁業

生産量（万トン）

1400
1200
1000
800
600
400
200
0

1965 1969 1973 1977 1981 1985 1989 1993 1997 2001 2005 2009 2013 2016

平成29年度水産白書のデータより作図

3 養殖のはじまり

太古より行われていた養殖の歴史

太公望をご存知ですか？　日本では釣り師の代名詞とされている、今から約3000年前、紀元前11世紀に存在した古代中国の周の軍師です。この太公望が生きた時代の遺跡から、養殖について書かれた甲骨文字の記録が発掘されており、世界最古の養殖に関する記述とされています。つまり、養殖のはじまりは約3000年前の中国からと言っていいでしょう。その頃は、川や沼で獲ってきたコイを池に放ち餌を与えて育てる方法で、現在のようにコイを産卵させて稚魚から育てることはなかったようです。餌は、絹糸を作るために飼っていたカイコの蛹が利用されていたようです。その後、春秋戦国時代の紀元前5世紀頃に范蠡によって最古の養殖マニュアル本である『養魚経』が作られました。この時代は、日本では狩猟・採取が行われていた縄文時代に当たります。唐の時代（7～10世紀頃）には、コイを殺してはならないという政令が出され、コイの養殖に代わり四大家魚と言われるソウギョ、ハクレン、コクレン、アオウオの養殖が盛んになりました。

さらに古代エジプトの壁画にも池で魚を管理している様子が描かれており、他の壁画にはティラピアやナマズの仲間が多く描かれていますので、古代エジプトでも養殖が行われていたのでしょう。どちらも全て淡水の養殖ですが、古代ローマ時代には海でカキ養殖が行われ、生簀や池では当時の高級食材であったウツボやウナギなどが養殖されていました。

一方、日本では江戸時代初期（約400年前）の文献にコイの養殖について書かれています。江戸時代は中国から持ち込まれたキンギョが上流階級の間で観賞用として大流行したため、武士の副業として養殖が行われ、江戸時代後期まで盛んでした。海では約350年前にカキを干潟にまいて育てる地まき式養殖が瀬戸内海で行われるようになり、東京湾ではノリの養殖が始まった記録があります。

要点BOX

- ●養殖の原型は3000年前の中国でできた
- ●古代エジプトや古代ローマなどでも行われた
- ●日本では江戸時代から養殖が始まった

范蠡の肖像画

貴族の庭園の図

紀元前1350年頃に描かれたエジプトの壁画。
庭園で魚を飼っていたのでしょうか?

日本における養殖の歴史

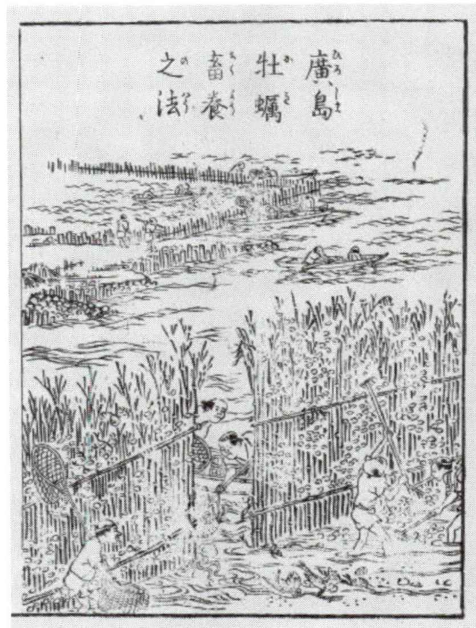

江戸時代のカキの養殖(日本山海名産図会)

4 養殖の種類

魚種ごとに違った養殖方法がある

養殖方式は、給餌をしない無給餌養殖と、給餌をして成（生）長させる給餌養殖に大きく分けることができます。無給餌養殖の対象生物は、ノリ、ヒトエグサ、モズク、ワカメ、コンブなどの藻類や、カキ、ホタテガイ、真珠、アサリ、アカガイ、ヒオウギなどの貝類です。藻類は光合成をしてエネルギーを得ながら水中の栄養塩を利用して生長するので給餌する必要はありません。貝類は餌を食べないと成長することはできませんが、その多くは、天然の植物プランクトンや、水中あるいは砂泥中の有機物などを主な餌料として利用するので給餌する必要はありません。無給餌養殖には、カキやホタテガイの稚貝（種苗）を一定区画の浅海にまきつけ天然餌料で成長させ収獲する粗放的な地まき養殖、海面を平面的に利用する、主にノリで用いられているひび建や浮流し養殖、海面を立体的に利用する、カキ、ホタテガイ、ワカメ、コンブ、真珠などの垂下式養殖（いかだ式、延縄（はえなわ）式）などがあります。

給餌養殖では、内水面の淡水養殖として古くからあるコイやフナのため池養殖や水田（稲田）養殖、ウナギ、ニジマス、ヒラメ、クルマエビなどの池中養殖があり、池中養殖には飼育水の交換をほとんどしない止水式、飼育水をかけ流しにする流水式、飼育水を循環濾過して再利用する循環濾過式、飼育水を温めて使用する加温式といった方法があります。海面を利用した養殖では、自然の湾を用いるものに、湾を堤防によって仕切る、クルマエビやかつてはハマチ養殖で用いられていた築堤式養殖、湾を網によって仕切る、ハマチやタイの養殖に用いられていた網仕切式養殖がありますが、現在ではほとんど全てが小割式網生簀養殖法で行われています。この養殖法が普及したのは、陸上養殖に比べて施設の設置に関わる初期費用と施設を維持管理するコストの両方が少ない上に、作業効率も良いためです。

要点BOX
- ●無給餌養殖には地まき、ひび建て、垂下といった方式がある
- ●給餌養殖のほとんどが小割式網生簀養殖

養殖方式の分類

給餌養殖（主に魚類、甲殻類）	内水面	ため池、水田（稲田）	コイ養殖池
		池中（養殖専用の人工池）	ニジマス養殖池
	海面	区画（築堤式、網仕切式）	クルマエビ築堤式養殖
			魚類網仕切式養殖
		陸上養殖（流水式）	ヒラメかけ流し養殖
		海面生簀	タイ小割式養殖
			ハマチ小割式養殖
無給餌養殖（主に藻類、貝類）	天然環境	地まき	地まき式養殖
	平面的	ひび建（竹ひび式、網ひび式）	ノリひび建養殖
			ノリ浮流し養殖
	立体的	垂下（いかだ式、延縄式）	カキ垂下式養殖
			真珠養殖
			ワカメ養殖
			ホタテ養殖

主要養殖種類別の養殖方法概念図

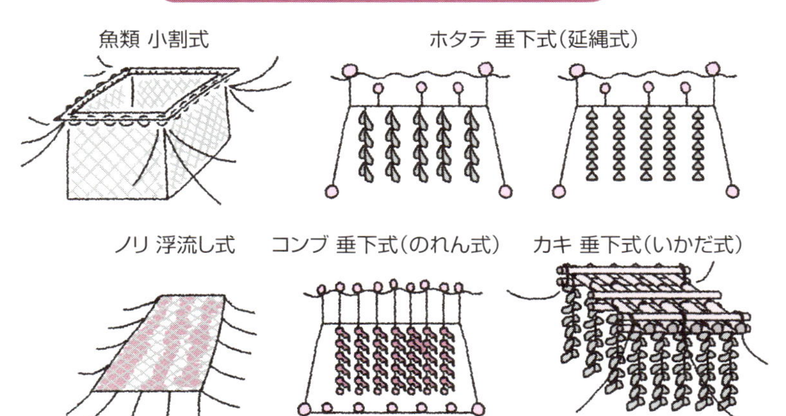

5 養殖水産資源の種類

魚だけじゃない！多彩な養殖対象種

２０１６年までに世界中で養殖された生物の種類数は、この10年間で１２６種も増加して５９８種に達しています。その内訳は、魚類３６９種（交雑種５種を含む）、軟体類１０９種、甲殻類64種、両生類・は虫類７種（ワニ類は除く）、無脊椎動物９種、および藻類40種です。

それぞれの分類群で生産量の多い代表的な種を挙げると、魚類ではソウギョ（６０７万トン）、ハクレン（５３０万トン）、コイ（４５６万トン）、ナイルティラピア（４２０万トン）、コクレン（３５３万トン）、フナ類（３０１万トン）と、上位はすべて淡水魚で、これら６種の生産量の合計は魚類全体の50％を占めています。海水魚で最も生産量が多いのは刺身や寿司の材料としてなじみの深いアトランティックサーモンで、魚類の中では９番目に生産量が多くなっています（２２５万トン）。甲殻類ではバナメイエビの生産量が圧倒的に多く、４１６万トンで甲殻類全体の53％を占めています。甲殻類ではその他、アメリカザリガニ、チュウゴクモクズガニ（上海ガニ）、ウシエビ（ブラックタイガー）の生産量が多く、これら４種で全体の８割以上を占めています。軟体類ではカキ、アサリ、ホタテガイの生産量が多く、これら３種で軟体類の生産量の64％を占めています。その他の養殖対象の水産動物として、は虫類のスッポン、無脊椎動物のマナマコがあげられます。藻類はコンブ、ワカメ、ノリなど直接食用にするものの他、最近インドネシアで、ゲル化剤、増粘剤などの原料を抽出する紅藻類の生産量が急激に増加し、１０００万トン以上に達しています。

我が国の養殖に目を向けると、魚類ではブリ類やマダイなど海水魚の生産量が多く、内水面ではウナギが最重要魚種です。また、ホタテガイやカキ類、ノリ類の生産も多く、海産養殖が大部分を占めているという点が日本の養殖の特徴です。

要点BOX
- ●世界の養殖対象種はなんと598種もある
- ●世界の養殖は内水面（淡水）での生産量が多い
- ●日本では海産養殖がメインになっている

分類群別世界の養殖生産量

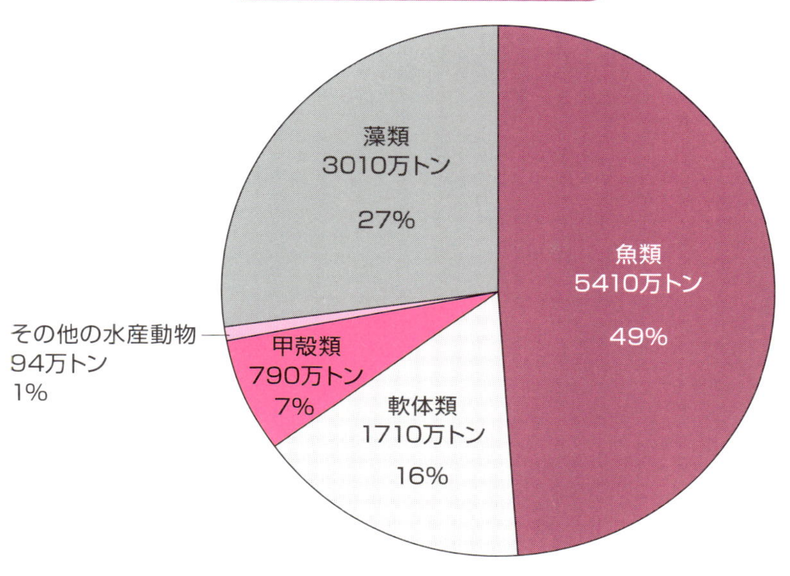

THE STATE OF WORLD FISHERIES AND AQUACULTURE 2018(FAO)のデータをもとに作図

世界の主な養殖対象種

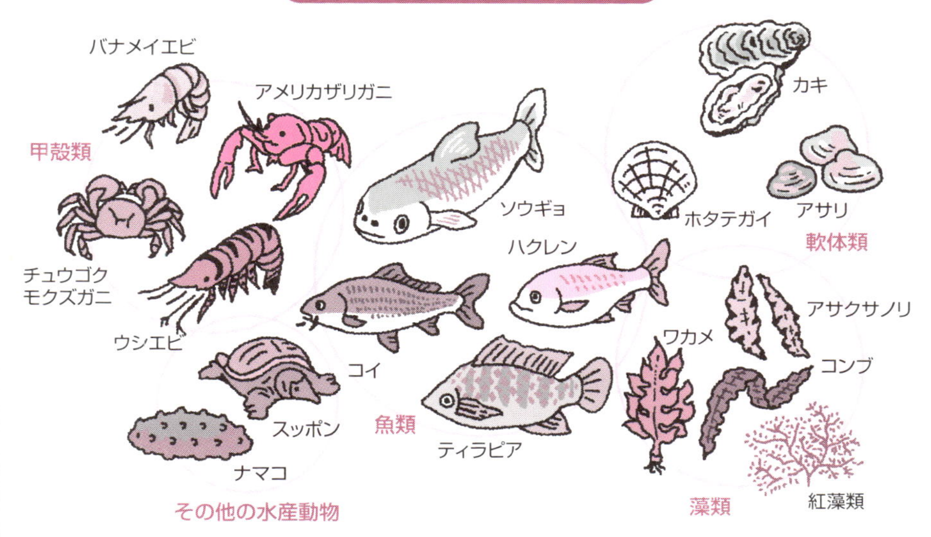

6 養殖に関する法律

養殖を行うためには様々なルールがある

公共の水域で行う養殖は漁業の一種です。漁業を行うためには、守らなければならない様々なルール（法律）があります。養殖業と密接に関わる法律としては、漁業の基本法で養殖の種類や養殖する権利を定めた『漁業法』、養殖漁場の汚染を防ぎ、伝染性の魚病の蔓延を防ぐための細則などを定めた『持続的養殖生産確保法』、魚病対策に用いられる医薬品の種類や使用方法などを定めた『薬事法』、飼料やその添加物の安全基準を定めた『飼料の安全性の確保及び品質の改善に関する法律』、養殖魚であることや、原産地の表示方法などを定めた『農林物資の規格化等に関する法律（ＪＡＳ法）』など、様々な法律があります。これらのルールを犯した場合には、厳しい罰則規定が設けられています。

一定の公共水面において養殖業を営む権利を区画漁業権と言い、その許可は都道府県が行います。真珠養殖などの第１種区画漁業や、クルマエビ養殖業などの第２種区画漁業は、それらの経営者に漁業権が免許されます。一方、網生簀などの小割養殖や藻類養殖、地まき式貝類養殖などを営む権利は特定区画漁業権と呼ばれています。１９４９年制定の漁業法では、これらの養殖を営む権利は、地元の漁業協同組合に優先的に免許され、組合員が漁業権を行使することが前提とされてきました。しかし、漁業者の高齢化や後継者不足が深刻化し、地元の漁業者数は減る一方なのに対し、養殖業に意欲を燃やす企業は増えてきました。特に大規模な施設や運営資金を要するクロマグロなどの養殖では、その傾向が顕著となっていました。こういった背景から、２０１８年12月に「水産改革関連法案」が国会で成立し、地元漁協への漁業権の優先割当制度は廃止され、企業の参入が促進されることになりました。成立から70年間守られてきた漁業制度が大きく方向転換したことになります。

要点BOX
- ●養殖は数多くの法律と関わっている
- ●区画漁業権は都道府県が許可を出す
- ●2018年に漁業権制度が大幅に変更された

養殖業に関係する法律

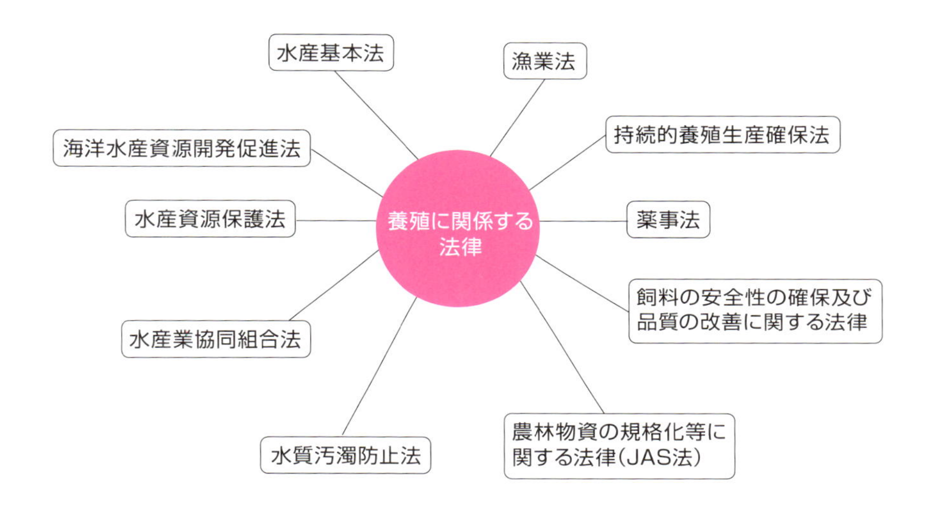

養殖に関わる漁業権の種類

種類	第1種区画漁業権		第2種区画漁業権	第3種区画漁業権
内容	一定区域において石や木などを敷設して行う養殖業		土や石、木などによって囲まれた区域内で行う養殖業	一定区域内において左記以外に行う養殖業
養殖業	真珠養殖	ひび建、藻類、垂下式(真珠を除く)。魚類小割式養殖など	クルマエビ築堤式、魚類仕切式、ため池式など	貝類地まき式など
		特定区画漁業権		貝類養殖業は特定区画漁業権

用語解説

ひび建養殖：海中に杭を立て、ノリやカキを付着させて成長させる養殖
地まき式養殖：稚貝を水域にまき、天然の餌で成長させる養殖

7 養殖魚がお店に並ぶまで

養殖魚の流通の特色

現在の、海外にも及ぶ広い範囲での大量の商品流通では、漁獲の予想が立てにくい天然魚よりも量と質が常に安定した養殖魚が適しています。定番の養殖魚で大量に販売されているブリ類（ブリ、カンパチ、ヒラマサ）、サケ類、マダイは日本での流通の半分以上が養殖です（水産庁 2018）。ところで養殖魚はどのようにして生産者から消費者に届くのでしょうか？ その特色も交えて説明します。

養殖生産者が収穫した養殖魚は大きく分けて3つのルートで出荷されます。第1のルートは漁業協同組合やその連合会を通じて卸売市場など へ出荷され、これらの流通ではその後魚屋、スーパー・デパート、外食産業へと魚が流れ、消費者に届きます。第2のルートは仲買業者を通じて卸売市場などへ出荷されます。第3のルートは、生産者や漁連（魚協）、仲買業者から、卸売市場を経由せず魚屋や外食産業、消費者へ養殖魚が渡るもので、最近は産直の宅配などでも流通しています。

また、出荷の形態として、生きたままトラックや船で運ぶ方法、産地で活け締めし、冷蔵、冷凍で運ぶ方法、産地や流通の途中でフィレなどに加工されて出荷する方法があります。最近の国際空港は、海外から届く養殖魚の一大流通拠点となっています。日本の海産養殖魚は特に刺身や寿司など生食を目的としている場合が多いので、できるだけ鮮度が保たれるよう活魚で輸送することが多いのが特色です。ただし養殖マグロは大き過ぎて水槽内で衝突死するので、活魚での輸送はせず、ほとんどが産地から冷蔵で出荷されます。

ちなみに、養殖用種苗（稚魚）も、活魚トラックや活魚船で生産地から育成地まで運ばれます。

要点BOX

- 漁連・漁協から卸売市場、小売のルート
- 生産者から仲買、卸売市場、小売のルート
- 養殖魚は活魚輸送が多い

魚が生産者から消費者へ届くまで

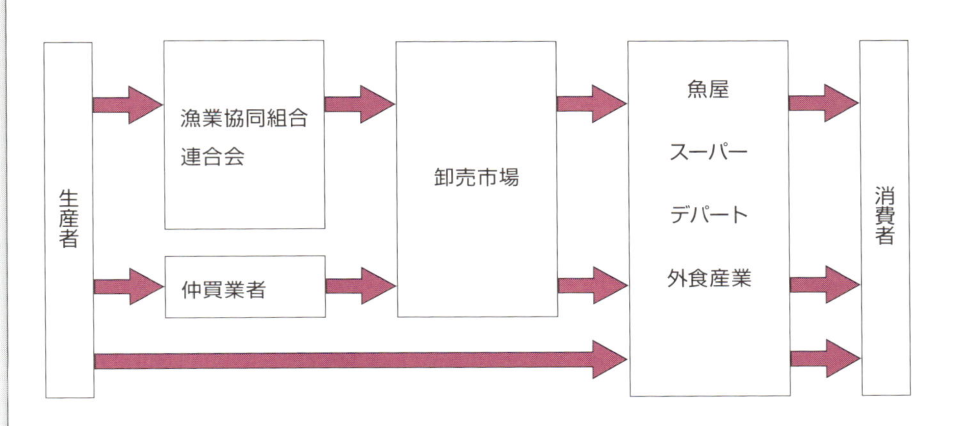

出荷された養殖魚

用語解説

漁連：全国または都道府県ごとの漁協の連合会

8 天然魚と養殖魚って違いがあるの？

生産量と味の比較

天然魚と養殖魚との違いについて、まずは2016年の農林水産省の海面漁業生産統計調査のデータから天然魚の漁獲量と養殖生産量の違いをみていこうと思います。ブリ類の天然魚の漁獲量は10万6756トンですが、養殖生産量は14万868トンと養殖が上回っており、マダイでは漁獲1万5151トンに対して養殖が6万6965トンと養殖が約4倍多くなっています。逆にサケ・マス類では漁獲11万1849トンに対して養殖は1万3208トンと漁獲が約9倍、ヒラメでは漁獲7043トン、養殖2309トンで、漁獲量が養殖を上回っています。以上のように、天然魚の漁獲量と養殖生産量との違いは魚種により様々です。

天然魚の漁獲量は、年によって、あるいは季節によって大きく変動する傾向にあります。また乱獲による資源の減少から漁獲量が減少していると考えられるケースもあります。漁獲量が少ないと価格は高くなり、逆に漁獲量が多いと安くなるので、天然魚の価格は不安定に変動します。これに対して養殖魚、特に人工種苗を用いて養殖されている魚種は計画的に生産・出荷されるので、年変動や季節変動は少なく、価格も安定しています。通常は天然魚と養殖魚の価格を比較すると、天然魚の価格の方が高いことが多いです。

天然魚は養殖魚とは異なり、餌を探したり、追いかけて食べたりするのでよく運動すると考えられ、その結果としてゆっくりと成長し、身がしまって歯応えが良い傾向にありますが、季節変動や個体差が大きいという特徴があります。一方、養殖魚は十分に餌を与えられているので安定して脂がのっている傾向にあります。天然魚は個体差が大きいが、中には高品質なものがあるのに対して、養殖魚は季節を問わず安定した品質のものを出荷できるというメリットがあります。

要点BOX

- ●天然が主流か養殖が主流かは魚種で異なる
- ●養殖魚は天然魚より供給量が安定し、安価
- ●養殖魚は品質が安定しいつでも出荷可能

養殖と天然、どちらが多いか?

養殖が多い水産物

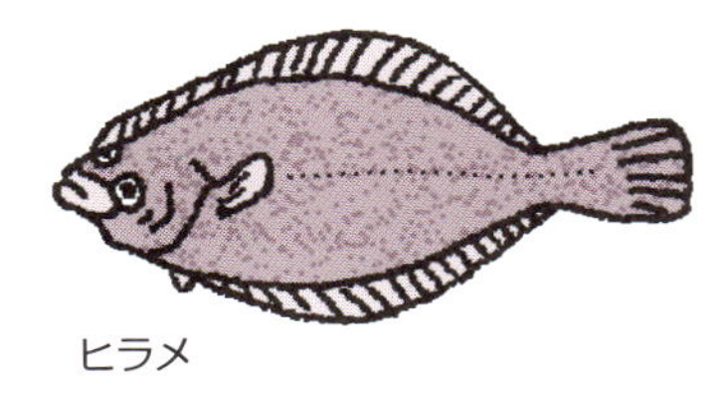

養殖魚と天然魚の特徴

●養殖魚

養殖魚の特徴
・一年中安定して供給できる
・脂ののり方が安定している

●天然魚

天然魚の特徴
・季節や乱獲の影響を受ける
・良いものは脂ののりも歯応えもよい

9 世界の養殖業

ダントツの養殖大国はあの国

四方を海に囲まれた日本は漁業大国、あるいは水産王国と言われてきました。しかし、１９８０年代前半には世界1位だった漁業生産量は、その後の国連海洋法の批准に伴う漁場の縮小や資源量の減少によって徐々にその順位を下げ、現在は世界第8位となってしまいました。獲る漁業に変わり、ブリやマダイ、クロマグロなどの養殖が盛んになったイメージがありますが、我が国の漁業生産量に占める養殖生産量は25％で、この数字も獲る漁業の生産量が低下し、相対的に比率が上がったに過ぎません。

一方、世界に目を向けると、漁業生産量全体に占める養殖生産量の比率は、１９８０年には10％であったものが２０００年には31％、そして２０１６年には54％を超える数字になっています。すなわち、獲る漁業よりも養殖業の方が生産量が多くなっているのです。こちらの方の比率は、獲る漁業が横ばいなのに対して養殖生産量の純増によるもので、このように世界的に見れば養殖業は発展の一途をたどっているのです。

この世界の養殖生産量の増大を支えている国は紛れもなく中国です。現在、世界の養殖生産量の内、何と58％は中国の生産量が占めているのです。日本に比べて人口が多く、沿岸域の狭い中国では、紀元前からハクレン、コクレンなどのコイ科魚類の粗放的な混合養殖が行われ、現在でも内水面養殖が海面養殖の１・６倍もの生産量を上げています。また、中国の漁業生産量全体に占める養殖生産量の比率も78％と、養殖業が中国の中でいかに重要な地位を占めているかがわかります。

中国に次いで養殖生産量が多い国は、インドネシア（世界の15％）、インド（5％）、ベトナム（3％）と、いずれもアジア諸国が占め、日本の養殖の生産量（1％）は世界の11位、中国の実に60分の1という規模になっています。

要点BOX

- ●世界では養殖生産量が獲る漁業よりも多い
- ●中国は世界の養殖生産量の半分以上を占める
- ●日本の養殖生産量は中国の60分の1

世界の獲る漁業と養殖漁業の生産量、中国の生産量の推移

出典：平成29年度水産白書（水産庁）より作図

各国の養殖生産量が世界全体の生産量に占める比率の推移

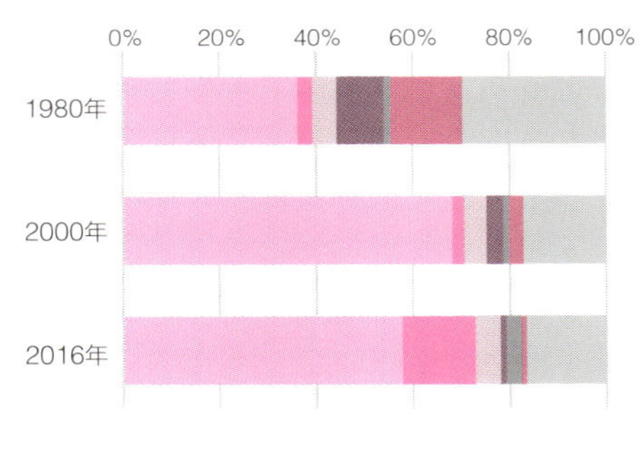

出典：平成29年度水産白書（水産庁）より作図

世界中で養殖されている魚介類の生産量（2016年度）

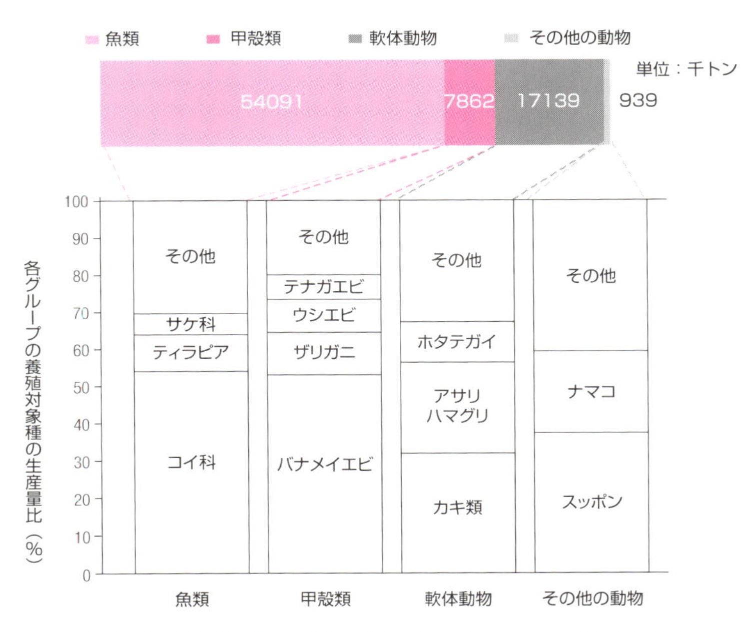

出典:FAO. 2018. The State of World Fisheries and Aquaculture 2018より作図

Column

育てる漁業

魚獲り、すなわち「獲る漁業」は、人類の誕生以降、世界中で続けられてきました。しかし、文明の発達に伴う漁具の高機能化や、良質なタンパク源を求めるニーズの拡大などによって、自然界の資源量が急激に減少し、漁獲量の減少も顕著になってきました。

こういった危機感から、育てる漁業の必要性が叫ばれるようになりました。この「育てる漁業」は、栽培漁業と養殖漁業に大別されます。栽培漁業とは、自然界での減耗が特に大きい、受精卵から稚魚へと消化能力と遊泳力が発達するまでの期間は人間が育ててやり、適切な時期と場所を選んで放流して資源量を増やし、それを漁獲することを言います。一方、本書の主題でもある養殖漁業とは、種苗を商品サイズまで飼育し、出荷して利益を得る事業のことです。販売を前提とする養殖では、人気があって量が足りず、従って商品価値の高い魚介類を生産することが重要となります。

育てる漁業を行うためには、様々な技術の開発が必要です。飼育下で雌雄の親から卵と精子を取る技術、それを受精させて孵化させる技術、孵化した魚を健全に飼育する技術など、それぞれの種においてトライ&エラーを繰り返しながらノウハウを積み重ねていく必要があります。

特に受精卵が稚魚になるまで育てる過程は「種苗生産」と呼ばれ、育てる漁業における最も大切な時期です。サケ、マスのように大きな卵黄を持つ卵は、受精から2～3ヶ月はこの卵黄を栄養成分としながら育つため、外部の餌を必要とする時点では、既に充分な生活能力を持ち、最初から配合飼料で飼育することが可能です。一方、多くの海水魚のように直径が1㎜程度の卵では、受精してから数日後には外部の餌が必要となります。その時点では口も小さく消化能力も劣るため、それに見合った適切な餌が充分にないとすぐに餓死してしまいます。世界に先駆けて日本で海水魚の飼育技術が発展したのは、実はこの孵化仔魚が最初に食べられる餌で、大量に培養することが可能な動物プランクトン「シオミズツボワムシ」が発見されたことが大きな契機となっています。日本で開発されたこの種苗生産技術は、多くの国々に伝播され、世界の養殖技術の発展に大きく貢献してきたのです。

第2章

卵から魚を育てる生産技術を知ろう

10 種苗生産技術開発の歴史

数々の困難を乗り越えて多種多様な魚種を生産

養殖（1項参照）は種苗（稚魚など）を手に入れるところから始まります。その方法には、天然稚魚を漁獲する方法と卵から稚魚を育てる方法があり、それぞれの稚魚を天然種苗、人工種苗と呼んでいます。海水魚の人工孵化・仔魚飼育の歴史において最も古いものはマダイで、1869年に北原多作によって岡山県でおこなわれています。1928年には梶山英二らによって、全長14～19㎜のマダイ人工種苗数十尾が広島県で初めて生産されました。網を張った箱の中に孵化仔魚を収容して養魚池に浮かべ、網目から自然に入ってくる餌を利用して育てています。その後、研究は中断しますが、1962年には陸上水槽では初めて、22尾のマダイ稚魚が生産されました。マダイの他にも当時、ニシンやクロダイの人工種苗が生産されていますが、卵から稚魚まで育てるのは大変困難でした。

このような困難な状況を乗り越えることができたのは、1960年代にシオミズツボワムシの培養法と仔魚の餌としての有効性が発見されたおかげでした（11項参照）。また、1963年には瀬戸内海栽培漁業協会（瀬戸水協）が設立され、人工種苗放流による資源回復への取り組みが始まりました。1973年から1983年には各都道府県に栽培漁業センターが次々と設立され、瀬戸水協は日本栽培漁業協会に改組されて全国に拡大し、大学などの研究機関も加わりました。国を挙げた研究によって種苗生産技術は急速に発達しました。

中でも、近畿大学水産研究所（以降、近大水研）では1960年にブリの人工孵化、1964年には養成マダイ親魚からの採卵、1965年にはヒラメの人工孵化・飼育に成功するなどさまざまな魚種の種苗生産を実現しています。そして、近大水研は今日までにブリやクロマグロ、クエなど18魚種の世界初となる種苗生産に成功しています。

要点BOX
- ●仔魚向けの餌料を発見し種苗生産技術が進展
- ●1970年代以降、国をあげての研究が進む
- ●近畿大学は18魚種で世界初の種苗生産に成功

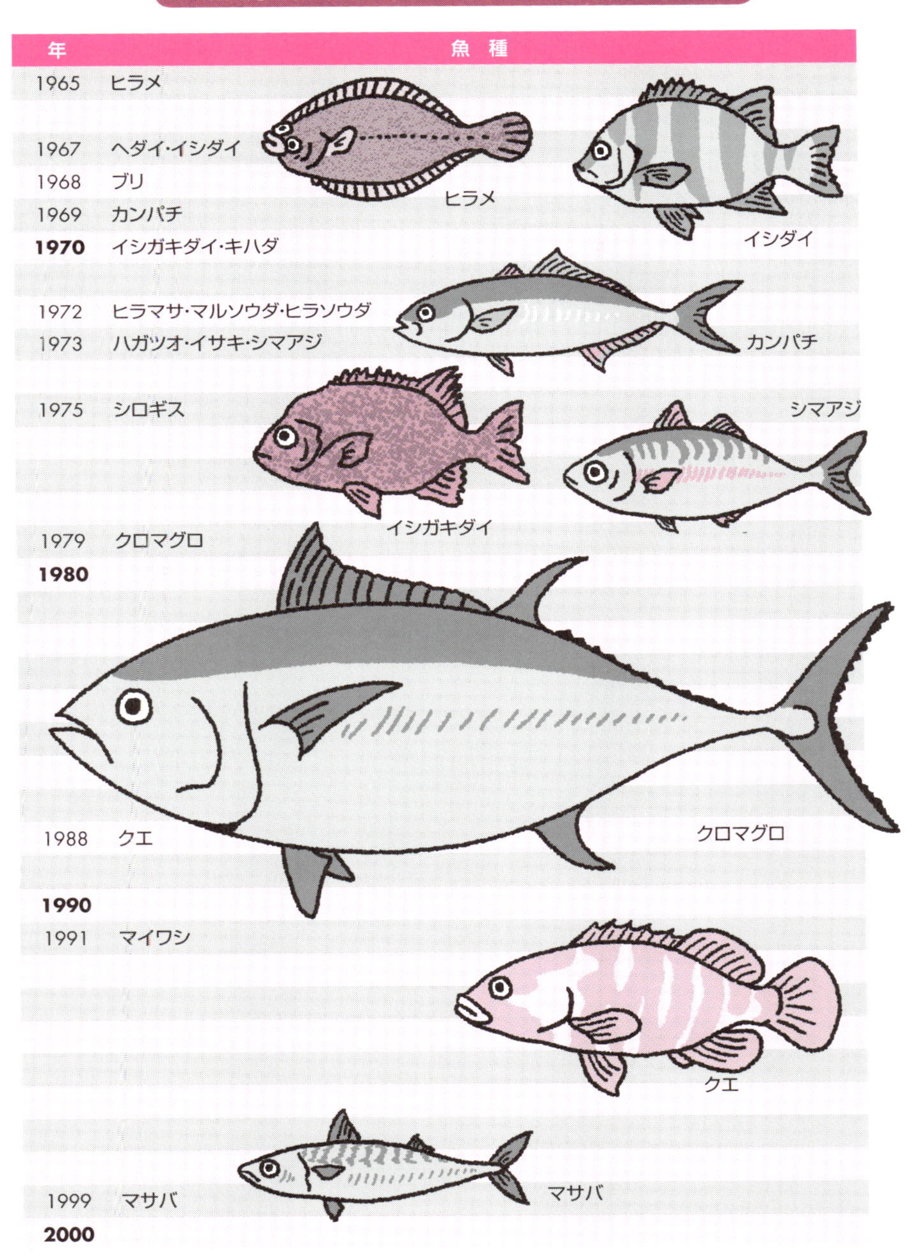

近大水研が世界で初めて種苗生産に成功した魚

年	魚種
1965	ヒラメ
1967	ヘダイ·イシダイ
1968	ブリ
1969	カンパチ
1970	イシガキダイ·キハダ
1972	ヒラマサ·マルソウダ·ヒラソウダ
1973	ハガツオ·イサキ·シマアジ
1975	シロギス
1979	クロマグロ
1980	
1988	クエ
1990	
1991	マイワシ
1999	マサバ
2000	

11 有害プランクトンが歴史を変える

有害プランクトンにも使い方がある

孵化した仔魚を稚魚まで育てるために最も必要なものは餌料です。マダイやヒラメ、クロマグロなどの孵化した仔魚が餌を食べ始める頃の大きさは3～4㎜と小さく、彼らが食べることができる餌の大きさも限られてしまいます。海で浮遊する孵化仔魚が食べている餌を調べた研究によると、100～150㎛（0・001㎜）の餌が多く、250㎛を超えるものはまれでした。これらの研究結果から、1960年代初めころまでは、生物餌料として原生動物（約5～30㎛）や、カイアシ類（約100～300㎛）、フジツボ類（約200～500㎛）、二枚貝類の幼生（50～100㎛）、アルテミア（約300～400㎛）などの小さな生物が利用されていました。しかし、飼育する仔魚の成長や生残率が悪く、栄養価や消化吸収性なども適していませんでした。

このような中、ウナギ養殖池で水質が悪化した時に起こる「水変り」の原因解明に取り組んでいた三重県立大学（現在の三重大学）の伊藤隆先生が、画期的な研究に成功しました。彼は「水変り」の時に急激に増殖するプランクトンであるシオミズツボワムシ（以下ワムシ）を培養することに成功し、そのワムシが仔魚期に海で生活するアユの餌として有用であることを提唱しました。ワムシは水変りを起こすほどの驚異的な繁殖力があり、餌である微細藻類と一緒に培養すると急速に増殖します。全長も100～300㎛と仔魚の口に合っていること、体が袋状で仔魚の消化管の中で潰れやすく消化されやすいこと、少々汚れた環境でも増殖できることなど、ワムシは生物餌料としての良さを兼ね備えていたのです。

ウナギの養殖では有害で迷惑なだけのプランクトンが、伊藤先生の発想と研究によって、今や世界中で必要不可欠な有益プランクトンとして生まれ変わったのです。

要点BOX

- ●ウナギ養殖池で起こる「水変り」の原因となるプランクトンを飼料として利用
- ●ワムシは生物餌料として多くの良さがある

ワムシ以前の生物餌料

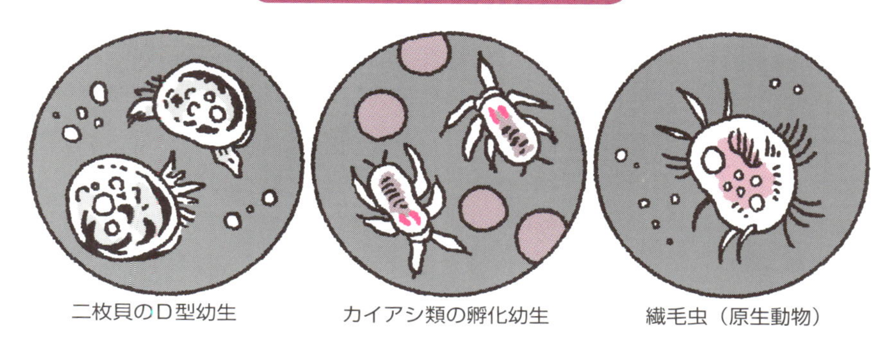

二枚貝のD型幼生　　カイアシ類の孵化幼生　　繊毛虫（原生動物）

生物餌料に求められる条件

- 仔魚の口径、咽頭径に見合った大きさであること
- 形状が単純、かつ壊れやすいこと
- 吸収されやすいこと
- 培養や入手が容易なこと
- 十分な栄養価を備えていること
- 水質を悪化させないこと（生物餌料が望ましい）
- 仔魚の摂餌生態に合致していること

「海産ワムシ類の培養ガイド」栽培漁業技術シリーズ、日本栽培漁業協会（2000）

成長によって
必要な餌の大きさは
異なります

用語解説

仔魚：孵化後から鰭（ひれ）のスジ（鰭条と呼びます）の数が成魚と同じ数に達するまでの時期を指す。
稚魚：鰭条が定数に達した後、鱗が発達するなどさまざまな仔魚の特徴が失われるまでの時期を指す。

12 ワムシの種類と生態

世界中に生息するワムシの仲間達

ワムシ（輪虫）は分類学的には輪形動物門に属する水棲動物の総称で、体前部の口の部分に付いている纖毛冠が2個の車輪のように見えるところからこの名がついたと言われています。ワムシ類は南極を除く世界の海洋、乾燥地の高山から低湿地まで世界中におよそ2000種が分布しています。海水魚類の仔稚魚の餌として利用されているシオミズツボワムシは、ワムシ目ツボワムシ属に属しています。

ワムシ目の仲間は、雌のみで増える単性生殖と両性生殖の両方で子孫を増やすことができます。単性世代の雌は減数分裂をせず、卵は体細胞分裂によって生じるため、すべての卵が複相（2n：2組の染色体をもつ）で、雌親のクローンとなります。この単性世代に爆発的な増殖を行います。両性生殖世代になると、雌は減数分裂によって単相（n：1組の染色体をもつ）の卵を産みます。この両性世代の雌が孵化後8時間以内に交尾できないと、成熟後の卵は孵化して半数体の雄になります。一方、8時間以内に交尾をすると、受精卵は複相となり、その受精卵が孵化して成長すると雌になります。単性世代の雌と両性世代の雌は、形態では区別できませんが、産む卵の形によって区別が可能です。両性世代の雌は将来雌となる耐久卵か、小さな雄となる卵をたくさん産みます。単性世代の雌が両性世代の雌を産むタイミングは遺伝的に決められているようですが、環境変化にも影響されます。

種苗生産の現場で「シオミズツボワムシ」と呼ばれているワムシは、大きさや形の違いなどによって3種に分類され、それぞれの大きさの違いからL型、S型およびSS型と呼ばれています。遺伝子レベルの研究によると、さらに12種以上に分類することができるそうですが、養殖の現場ではワムシの大きさによって仔魚の餌の種類が決まるため、単に大きさの違いのみで3種を区別しています。

要点BOX

- ●ワムシは世界中に約2000種が存在する
- ●ワムシは雌のみで増殖する
- ●現場ではワムシの種を大きさで区別している

シオミズツボワムシの形態

シオミズツボワムシ複合種の３種は
・体前部の被甲の形
・高さと幅の比
・体の大きさの違い
によって見分けることができる

Ｌ型ワムシ
Brachionus plicatilis

Ｓ型ワムシ
B.ibericus

ＳＳ型ワムシ
B.rotundiformis

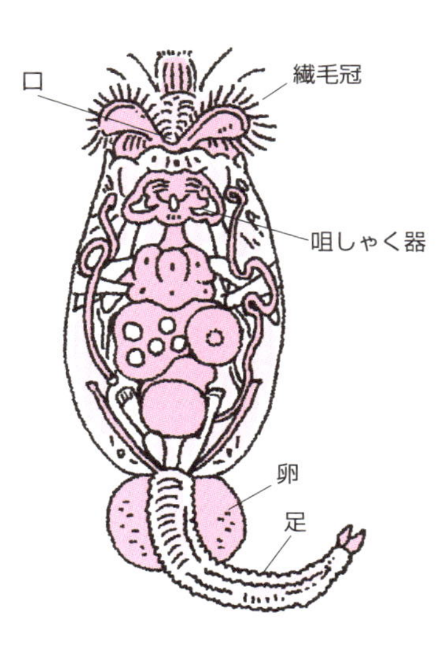

シオミズツボワムシの生殖

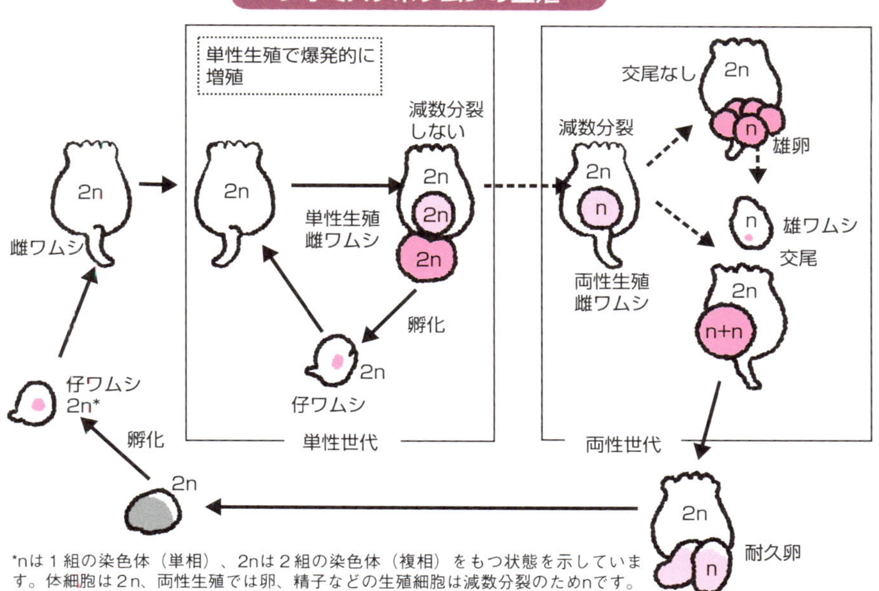

*nは１組の染色体（単相）、2nは２組の染色体（複相）をもつ状態を示しています。体細胞は2n、両性生殖では卵、精子などの生殖細胞は減数分裂のためnです。

用語解説

耐久卵：両性生殖によって生まれた休眠状態の受精卵で、環境の悪化などに耐えることができる。暗所では孵化せず、光を受けると孵化する。

13 ワムシの培養技術

省力化が進むワムシ培養技術

天然のワムシは微細藻類や細菌などを摂取して生活しています。1970年代には培養した微細藻類（14項参照）やパン酵母が餌として利用されていました。そして、1980年代後半から90年代に、ワムシの増殖に必要なビタミンB_{12}を取り込ませた濃縮淡水クロレラが開発されました。このクロレラは濃縮されているため利便性が高く、安定して培養できることから、現在では広く使われるようになっています。種苗生産に利用されているL型、S型およびSS型ワムシは増殖に必要な環境が違うため、それぞれに適した水温や塩分濃度で培養されています。

ワムシの培養法には「バッチ培養」「間引き培養」「連続培養」の3つの方法があります。バッチ培養は、ワムシ（種ワムシ）を培養水槽に接種し、ワムシの増殖に必要な量の濃縮クロレラを毎日与えながら3〜5日間培養し、最終日に全量を収穫し、残りを新しい培養水槽に種ワムシとして植え継いで培養を繰り返す方法です。比較的小型の水槽で培養することができ、収穫量を増やすために高密度（数百〜数千／mℓ）で培養しています。ワムシを毎日収穫するためには、培養日数分の水槽が必要です。間引き培養は、比較的大きな水槽を用い、毎日一定量を抜き取って増えた分を収穫し、抜き取った水と同じ量を注水することで密度を一定に保ちます。連続培養は、培養水槽へ注水と抜き取り（収穫）および給餌を連続的に行い、ワムシの増殖率、環境が一定（定常状態）となるように培養する方法です。作業の省力化が図れ、培養管理に熟練の技術を要しないなどのメリットがあります。

ワムシの増殖に影響する主な制御因子は、餌の量と培養水中の非解離アンモニアの濃度です。これらはワムシの安定生産のためには、特に気を付けるべきポイントです。

要点BOX

- 濃縮クロレラの開発が培養法を発展させた
- 「バッチ培養」「間引き培養」「連続培養」の3つの培養方法を使い分けている

ワムシの培養特性

タイプ	サイズ*（μm**）	培養温度（°C）	備　考
L型ワムシ	170〜300	10〜25	冷水性魚種に適している
S型ワムシ	120〜220	20〜30	比較的培養が容易
SS型ワムシ	140〜160	20〜35	口の小さな魚種で利用

＊＊μm（ミクロン）は0.001mm
＊ワムシのサイズは卵を持っているワムシの被甲長で表します。孵化した直後は70μmと小さく、さまざまなサイズのワムシがいるため、仔魚にとって適したサイズのワムシを食べることができます

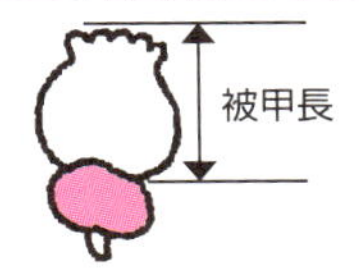

ワムシの培養方法

バッチ培養

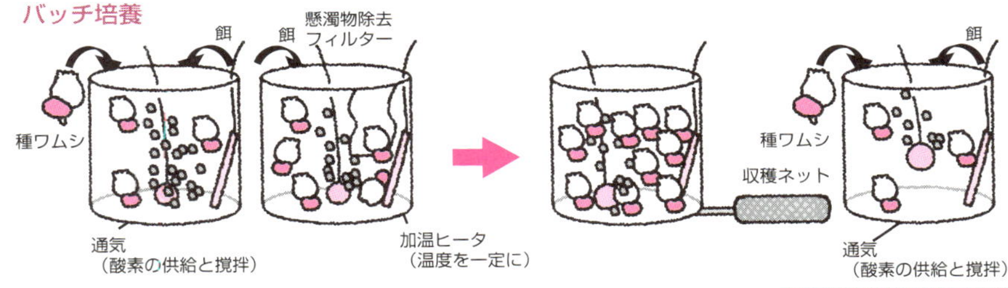

・比較的安定して培養できる
・培養日数分の水槽が必要
・労力が大きい

間引き培養

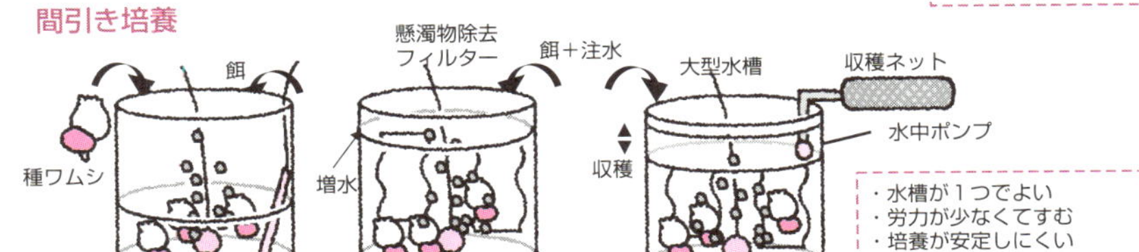

・水槽が１つでよい
・労力が少なくてすむ
・培養が安定しにくい

連続培養

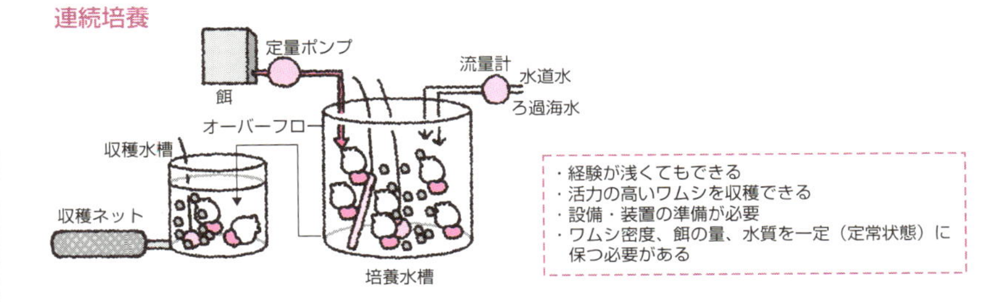

・経験が浅くてもできる
・活力の高いワムシを収穫できる
・設備・装置の準備が必要
・ワムシ密度、餌の量、水質を一定（定常状態）に保つ必要がある

14 ワムシの栄養価と仔魚の栄養

ワムシは仔魚の栄養カプセル

1970年代に海産クロレラとパン酵母を用いたワムシの高密度培養が可能となり、マダイでは全国で百万尾以上も稚魚の生産ができるようになりました。海産クロレラはすぐに食べつくされてしまうのでパン酵母で培養していましたが、パン酵母で培養したワムシを仔魚に与えると成長、生残率や活力の低下といった多くの問題が発生しました。その後の研究で、パン酵母のみで培養したワムシはn3-高度不飽和脂肪酸（n3-HUFA）のエイコサペンタエン酸（EPA）の欠如が問題の原因と分かりました。EPAが仔魚にとって重要な必須脂肪酸だったのです。必須脂肪酸とは仔魚が体の中で合成できない、または合成能力が低いため餌から直接摂取しなければならない脂肪酸のことです。パン酵母はワムシに必要な栄養を充たすことはできたのですが、仔魚の栄養を充たすことができなかったのです。

仔魚の栄養に関する研究が進み、仔魚の成長や生残、活力、発育のために、ドコサヘキサエン酸（DHA）が重要であることが明らかになりました。そこで、仔魚に給餌する前のワムシに、DHAを豊富に含むイカやサメ由来の肝油や卵黄、微細藻類などを取り込ませる培養（二次培養）が行われるようになりました。さまざまな栄養強化剤が市販されるようになりましたが、最近では淡水クロレラにEPAやDHAを取り込ませた濃縮クロレラが販売されており、ワムシの培養と栄養強化を同時に行うことが可能になっています。

アミノ酸の一種であるタウリンやビタミンCなどのビタミンも、仔魚の栄養素として重要であることが分かってきています。また、ビタミンAはヒラメなどの異体類に過剰に与えると骨格の形成異常を起こすことが知られています。これらの栄養素を取り込ませたワムシは、仔魚の正常な発育を促す栄養カプセルとしての役目を担っています。

要点BOX

- ●仔魚に必要な栄養素の研究が行われている
- ●必須脂肪酸の研究で生残率、成長速度が向上
- ●アミノ酸やビタミンも重要な仔魚の栄養素

ワムシの餌

種　類	名　前	分　類	大きさ（μm）	備　考
微細藻類	ナンノクロロプシス（ナンノ）	真正眼点藻類	直径 約2～5	光合成と、炭素源として二酸化炭素を栄養として増殖するので大型水槽での露天培養が必要。梅雨時や冬季の培養が難しい。
	テトラセルミス	プラシノ藻類	長径 約10～15 短径 約6～10	遊走細胞期には4本の鞭毛で動き回る。梅雨時期のナンノの代替餌料として有用。
	淡水クロレラ	緑藻類	直径 約3～10	光を必要とせず有機物を栄養として増殖するため、工場生産が可能で安定的に培養できる。
酵母	パン酵母	真菌類	約4.5～6.5	冷凍で販売されており、解凍してミキサーにかけて与える。

仔魚の必須栄養素

種　類	名　前	備　考
脂肪酸類	ドコサヘキサエン酸（DHA）	成長、生残率および活力の改善、正常な発育など
	エイコサペンタエン酸（EPA）	成長、生残率および活力の改善など
アミノ酸類	タウリン	成長、生残率の改善など
ビタミン	ビタミンC	免疫増強、ストレス耐性の向上など

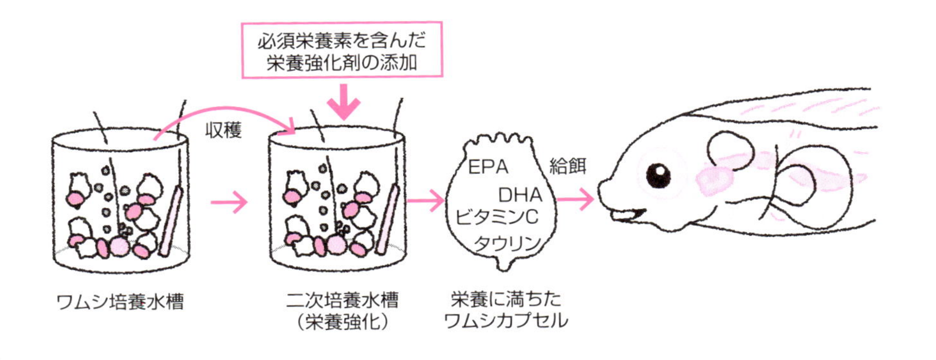

15 その他の生物餌料

種苗生産に利用されるさまざまな生物餌料

シオミズツボワムシ以外の生物餌料を紹介します。1950年代から利用されているアルテミアは、その耐久卵（シストとも呼ばれる）が缶詰などになって輸入されています。アルテミアは世界の塩水湖や塩田に生息し、一部の種を除いて両性生殖で増殖し、交尾した雌が耐久卵を産みます。海水に耐久卵を入れると、1日後には孵化してきます。走光性を持つ幼生と孵化後の卵殻は浮上し、孵化していない卵は沈む性質を利用し、孵化幼生のみを回収します。また、次亜塩素酸ナトリウムで殻を解かし（脱殻）、塩酸で中和し、卵膜に覆われた幼生を回収する方法があり、それを保存することも可能です。この方法は、劇薬を用いることから、作業には注意が必要です。

1970〜80年代までは天然のプランクトンも採集して利用していました。特に、カイアシ類（コペポーダ）はDHAを多く含み、最良の餌になります。しかし、必要な時に必要な量を得ることは困難です。当時ワムシの培養水槽内で増殖するチグリオパスというコペポーダも利用されていましたが、匍匐性（壁や底面をはい回る性質）が強く、浮いた餌しか食べない魚種の餌にはなりません。

1980年代に入るとカナダや中国などから冷凍コペポーダが輸入され始めました。しかし、当初は、病気の原因ウイルスなどを保菌していることがありました。近年海外においてコペポーダの大量培養が可能となっていますが、培養や輸送にコストが掛かり、現状では国内に広まっていません。今後は国内での大量培養技術の開発が期待されます。

この他、淡水・汽水産ミジンコ類や、クロマグロの稚魚では孵化仔魚も生物餌料として利用しています。また、超小型のプロアレスというワムシはSS型ワムシよりさらに小さく、口の小さな仔魚用の餌として利用されています。

要点BOX

- ●アルテミアは輸入に頼っている
- ●輸入ではコストがかかるため、国内でのコペポーダの大量培養が期待されている

生物餌料の種類

名前(属名)	分　類	大きさ (mm)	備　考
アルテミア	ホウネンエビ類	孵化直後:約 0.4～0.5 24時間後:約0.8	乾燥耐久卵が缶詰になって販売され、ワムシの後の餌として利用されている。 n3-HUFAを欠くので二次強化が必要。
アカルチア	カイアシ類	約 0.1～1.5	海外企業によって大量培養され、販売されるようになった。
チグリオパス		約 0.1～0.7	付着性のコペポーダであることから仔魚が摂餌しにくい。
プロアレス	ワムシ類	約 0.075	被甲をもたないワムシで匍匐性が強い
ディアファノソーマ	ミジンコ類	約 0.45～1.1	汽水産であるが海水でも生存し、大量培養の研究も進んでいることから生物餌料として期待されている
イシダイ シロギスなど	魚類	約 3～4	クロマグロでは、アルテミアの給餌時期からこれらの孵化仔魚が生物餌料として利用されている

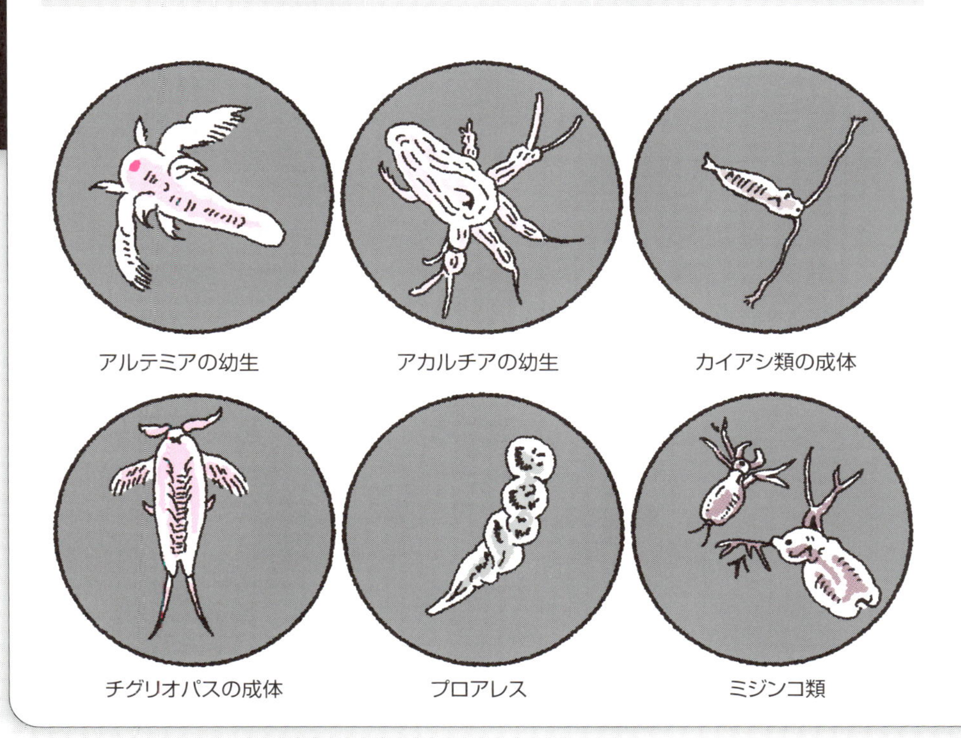

16 親魚を育てて卵を採る方法

良質な卵の確保は親魚養成から

淡水魚のサケは河川に生まれ、外洋に出て長旅を続けながら成長していき、産卵間際になると生まれた川に戻ってきます。川を遡上してきた個体はいずれも成熟した状態であることから、雌から卵を採りだし、雄の精子をかけることで受精卵が得られます。一方、海水魚では受精卵を得るために成熟した個体を広い海原で探したとしても、いつ、どこに泳いでいるかも分からず、そのような個体を手に入れることは非常に困難です。海水魚の受精卵を安定的に確保するためには、人工的に親魚を養成しておくこと（親魚養成）が重要です。親魚とは、種苗生産に必要な卵や精子を得るための魚です。特に、放流用の種苗を生産する場合には、資源への遺伝的な影響を少なくするために親魚は天然魚を使用し、養殖用の種苗を生産する場合には継代した人工生産魚が使用されます。このような親魚は、一年間にわたり海上の網生簀や陸上水槽で養成され、成熟して産卵するまでの間、適切な給餌管理や疾病対策が行われます。

親魚から卵を採る方法には、水槽内で産卵させる方法と人工授精により卵を採る方法があります。魚種によって卵を採る方法は異なり、マダイやシマアジでは水槽内で産卵させます。マダイでは産卵期の春から初夏にかけて親魚を陸上水槽に収容すると、春は午後3時頃、初夏では午後5時頃に、毎日産卵が行われます。水槽内では雌1尾に対して複数の雄が追尾して、水面を「バシャ、バシャ」と跳ね上がるように産卵と放精がほぼ同時に行われます。水槽内に産卵された受精卵は水面に浮上し、オーバーフロー管から海水と一緒に排出されます。卵は目合い0・5㎜前後の採卵ネットで受けて回収します。一方、クエやトラフグなどでは水槽内で自然産卵が行われにくいことから、ホルモン処理を行った上で人工授精により卵を採っています。

要点BOX

- ●親魚は放流用では天然魚を、養殖用では人工生産魚を使用
- ●受精卵は水槽内産卵や人工授精により確保

水槽内で産卵させ卵を採る方法

人工授精により卵を採る方法

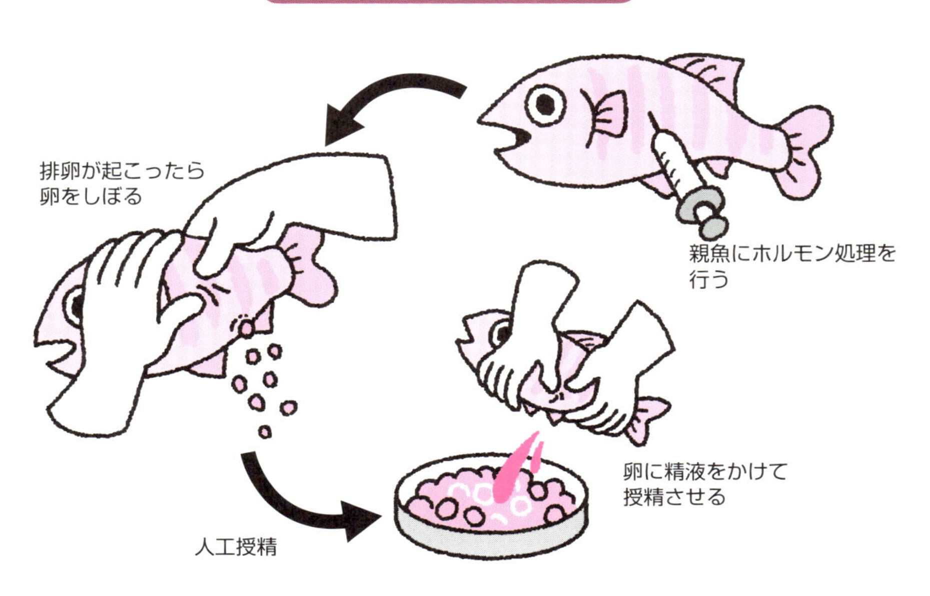

17 産卵を操る技術

必要な時期に必要数の受精卵を得る

現在、ブリ養殖に使用される種苗はほとんどを天然稚魚に依存しています。しかし、天然稚魚は年によって獲れたり獲れなかったりと不安定であり、また、年に1回（4～7月）しか入手する機会がありません。人工種苗であれば親魚の産卵時期をコントロールすることで、一年に複数回の種苗生産が可能となります。親魚の産卵時期を操る技術としては、水温と日長の調節が効果的です。例えば、ブリの産卵期（4月下旬）を2月に早めるには、12月以降の飼育水温を加温装置により19℃に調節し、日長を照明装置により長日条件に設定します。近年では、ブリの8～12月採卵も実現し、産卵を一年中操ることが可能になりました。

また、親魚の成熟度は個体間でばらつくことがあるため、効率的に採卵するためには成熟状態の良い親魚を選び出す必要があります。その方法として、カニュレーション法による成熟調査とホルモン処理が効果的です。カニュレーション法とは、軟らかい樹脂製の細いチューブを雌の卵巣内まで通し、卵巣内の卵の一部を吸引して体外に取り出し、顕微鏡で観察する方法です。体外に取り出した卵の直径を測定することで、その個体の産卵の有無や産卵数の予測が可能になります。次に、この成熟調査で選んだ親魚に対してホルモン処理を行います。ブリではホルモン剤を注射投与することで、約48時間後には水槽内産卵や人工授精により効率的に受精卵を得ることができます。

ブリと同様に、クエやトラフグでも水温と日長を調節することで産卵時期をコントロールできます。クエでは3～6月に、トラフグでは10～3月の受精卵がほしい時期に採卵が行われています。現在では、多くの魚種で環境調節法とホルモン処理法が検討され、必要な時期に必要数の受精卵を得ることが可能となっています。

要点BOX
- ●種苗を安定供給するために必要な技術
- ●環境調節により親魚の産卵時期を制御する
- ●成熟調査とホルモン処理により効率的に採卵

環境調節によって産卵時期を操作

照明装置を用いて日長を調節
(例)ブリ:2月の早期産卵⇒16時間点灯

加温・冷却装置を用いて水温を調節
(例)ブリ:2月の早期産卵⇒19℃を加温維持

成熟調査とホルモン処理

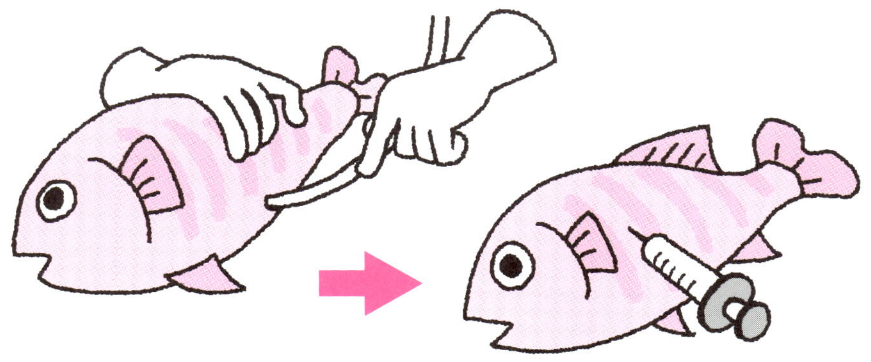

カニュレーション法を用いて卵巣内の卵を取り出し、成熟度合をチェックする

親魚にホルモン剤を注射して、排卵を誘導する

18 仔魚を育てる方法

仔魚の飼育施設と餌料系列

卵から孵化した仔魚は、陸上の飼育施設で育てます。飼育施設には仔魚の飼育水槽のほか、海水をろ過・殺菌したり、水温を調節したりする設備、空気や酸素を供給する装置、自動給餌機など数多くの機器が備えてあります。また、飼育水槽は20〜100kℓ容積の水槽（水深1〜2m）が用いられています。水槽の形状は円形、八角形、正方形など様々で、対象魚種や仔稚魚の成長に応じて使い分けられています。飼育水は、海水中の懸濁物を除去するために砂ろ過などを行うとともに、病気の発生を抑えるために紫外線などで殺菌しています。仔魚の飼育水温はマダイでは20〜22℃、ヒラメでは18〜20℃、ブリでは23〜25℃に調節して育てることで、成長や生残率が良くなります。水温の他に重要な飼育条件は、与える餌料（種類・量）や明るさ（照度）、水流（通気量）などがあり、安定的な生産に向けて魚種ごとに検討されています。

与える餌料は仔魚の成長や生残率を左右する最も重要な要因であり、対象魚種に適した種類や量、栄養価などが検討されています。海水魚の場合は、開口したあと、最初に与える餌はワムシです。その後、仔魚の成長に伴いワムシよりも大きなアルテミアを与え、仔魚がある程度の大きさ（全長10〜15㎜）になると、市販の配合飼料に切り替えていきます。水温21℃で飼育するマダイでは、ワムシを仔魚の開口から孵化後20日すぎまで5〜10個体／mℓの密度で与えます。仔魚がワムシを食べる量は孵化後20日頃で頭打ちとなるので、与える餌料をアルテミアや配合飼料に変更していきます。しかし、アルテミアや配合飼料の給餌が早すぎると仔魚に成長差が生じるとともに、食べ残しの原因になり水質が悪くなります。このように、仔魚の成長に伴う餌料変更のタイミングは、適切な環境で効率よく仔魚を育てる上で重要なポイントになります。

要点BOX
- ●仔魚が生き残りやすい飼育環境をつくる
- ●魚種ごとに餌料や照度、通気量が異なる
- ●仔魚の成長に伴い、与える餌料も変更する

仔魚の飼育施設

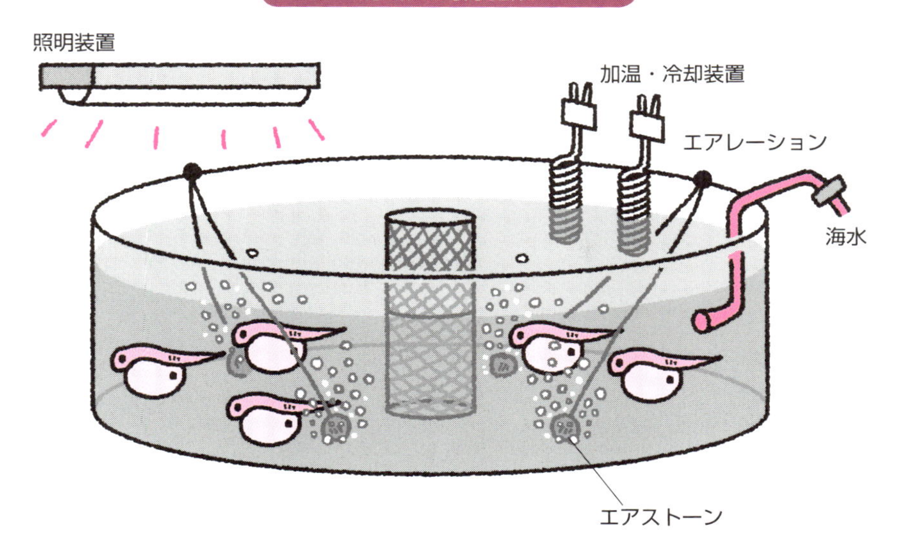

マダイの成長と餌料系列

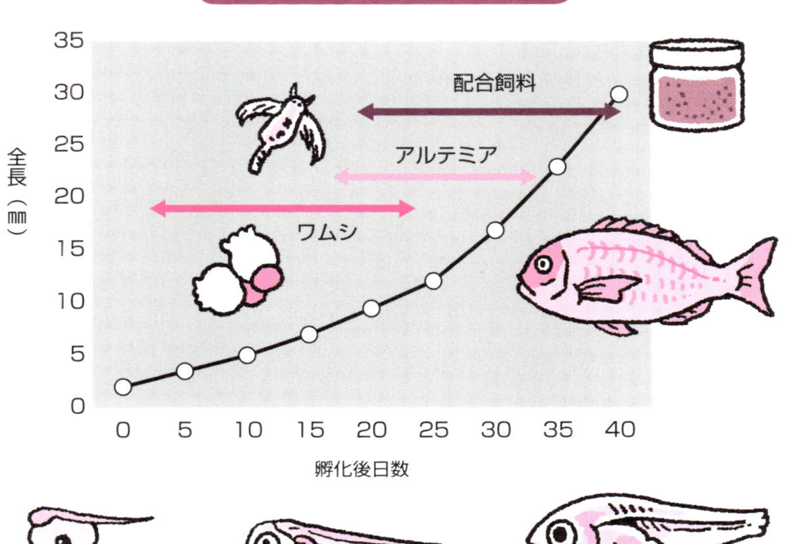

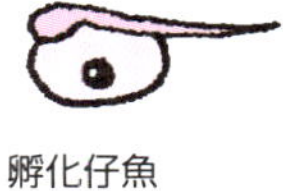
孵化仔魚

10日齢

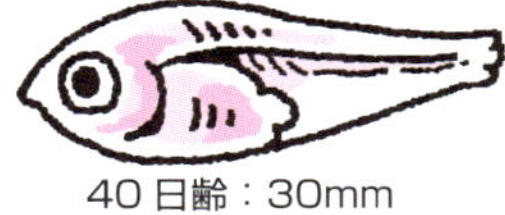
40日齢：30mm

19 形態異常とその原因

飼育環境と餌の栄養による影響

卵から人工孵化して育てる養殖魚には、軽微なものから重篤なものまで形の異常が起こることがあります。そのような魚は食べて大丈夫なのでしょうか？　また、何か育てる方法が間違っているのでしょうか？　1つ目の答えは「大丈夫」です。2つめの答えは残念ながら「その通り」です。

これまでに原因が判明し、対策が取られるようになった形態異常の例を挙げます。直径1㎜程度の水に浮く卵を産むマダイ、カンパチ、シマアジ、イシダイ、ヒラメなど多くの海水魚では、卵の中で発育し将来の脊椎骨構造の基礎が作られます。このときに、周囲の海水の酸素が不足する、あるいは二酸化炭素が多いと、脊椎骨の基礎を作る働きが阻害され、大きく育って脊椎骨の数が足りない胴部の短い魚になります。これは短躯症と呼ばれています。これについては、受精卵の扱いを改善することでほぼ起こらなくなりました。

他の例では、孵化した仔魚の鰾（うきぶくろ）の形成がなされず、稚魚となったときに体が沈まないよう常に上向きに泳ぐ必要があるため脊椎骨が曲がる前彎症（ぜんわんしょう）があります。これは、最初に鰾を形成するときに必要な水面での空気飲み込みが、水面に油膜などがあるとできないためです。したがって、仔魚の飼育では水面の油膜を取り除く工夫が必要となります。

また、ヒラメなどでは体の色や脊椎骨の異常、あるいは目の移動の異常が、餌の栄養成分のうち、必須脂肪酸であるＤＨＡの不足や、ビタミンＡの過剰で起こります。仔魚のときに与えるアルテミア幼生に含まれるＤＨＡが不足すると、ヒラメやカレイの表側に色素が少ない白化個体となり、逆に多すぎると本来真っ白な裏側が黒くなる異常が起こります。しかし、これらを食べるのは問題ありません。こうした異常は餌の栄養成分を正しく調整することで防ぐことができます。

要点BOX
- ●養殖魚の形の異常は環境や栄養が原因である
- ●形の異常がある養殖魚を食べても問題ない
- ●環境と餌の改善で、形の異常を防止する

短躯症のマダイ

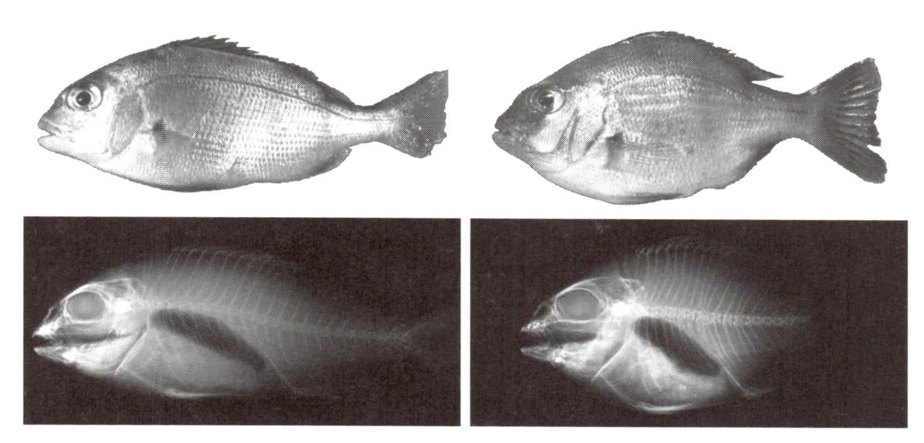

上段左：正常なマダイ稚魚、上段右：胴部が短いマダイ稚魚、
下段左：正常なマダイ稚魚の骨格、下段右：胴部が短いマダイ稚魚の骨格

前彎症のマハタ

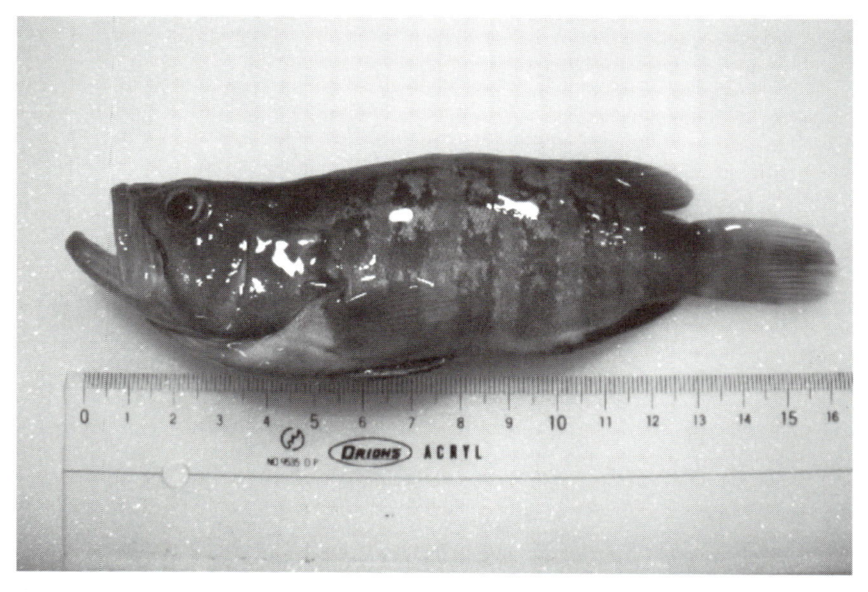

脊椎骨が背腹方向に彎曲している

（写真提供:三重県水産研究所、辻将治氏）

20 商品となる養殖魚の選別

養殖魚のサイズや形が揃っている理由

養殖魚では選別を行います。稚魚では、成長の度合いが違う魚を一緒の水槽で飼育すると、小さな魚は餌をとれずに競争に負けて、大きな魚に比べて成長が劣ります。そこで、大小のサイズを分けることができる目合いのネットや籠、スリット型の選別機を用いて、サイズで分けて飼育します。これで成長が回復します。

また陸上水槽、海面生簀で中間育成された稚魚は、養殖業者への種苗出荷の前に、形や色のおかしな魚、怪我をしている魚などを取り除く選別を行います。まず鰾がうまく形成されず、体が沈まないよう常に上方向に泳ぐ必要から、成長すると脊椎骨の前彎症（19項参照）を多発する魚種では、6〜8％程度の濃食塩水で稚魚を泳がせ、鰾が無いため沈む稚魚を取り除く比重選別を行います。さらにその後、一尾ずつ目視し、商品として不適な稚魚を除く選別を行います。この目視選別には大変な労力と時間が必要です。軽い異常は見分けにくく、熟練の技術が必要です。なにしろ相手は生きた魚で、それがベルトコンベアで流れてくるのを瞬時に見分けて選別しなければならないからです。しかし魚の形の異常は成長しても治癒することはないので、商品価値のない成魚になる前の選別でそれらを取り除くことが必要です。

現在は、選別は機械ではなくほぼ人手でないとできません。それは魚の体型が成長段階で変わるため、基準となる標準体型の確定が難しいこと、生きた稚魚を静止させて判別に必要な画像を撮ることが難しいことなどが理由です。ただ、選別した稚魚の尾数は光学式の識別機を備えた自動計数機が開発されています。さらに稚魚から食用として出荷されるサイズになるまでにも、大きさを揃えて飼育するために何度か選別されます。そのような点では果物や野菜と同じですね。

要点BOX
- ●養殖魚も果物や野菜のように選別される
- ●生きた魚の選別には手間、時間、技術が必要
- ●選別は機械導入が難しく、ほとんど人手で行う

マハタの比重選抜

鰾の無い稚魚は水底に沈み、ある稚魚は水面に浮いている

（提供：三重県水産研究所、辻将治氏）

マダイの目視選別作業

Column

孵化した仔魚の発育

多くの海産養殖魚は、卵の大きさが直径1㎜程度と小さく、仔魚は、目が見えない、口と肛門が開いておらず餌が食べられない、骨や鱗も無いといった大変未発達な状態で孵化します。目が見えるようになり、消化管が発達し、餌を取って消化できるようになるまでの間は、卵黄を消費して体作りをします。ほ乳類の場合は、生まれたときには、視力は多少不完全でも既に骨があり、口からお乳を飲むことができるので、大変な違いです。多くの海水魚は、卵が小型であるため母親の体内で十分に発達するまで育つことができない一方、多数の子供が生み出されます。少数の発達した子供を生むか、多数の未発達な子供を生むかは、それぞれ生存のための選択なのです。

海水魚では、孵化後の短期間で体の形や生理機能に大きな変化が起こります。まず発達するのは、摂餌して消化するのに必要な機能と、捕食者から逃げるのに必要な機能です。前者では、眼の発達、口と肛門の開口を伴う消化管の発達、顎や歯の発育などです。発育初期では捕食に関係する器官の発育が著しく、頭、眼、口などの大きさが成魚のプロポーションとは異なり、相対的に大きいのが特徴です。後者では、体の基本的構造である脊椎骨や遊泳に必要な尾部の骨格の発育、体の前から後ろまで繋がった1つの膜のような形状の鰭、鰭を支える棘条や軟条などを備える独立した胸鰭、背鰭、腹鰭、尻鰭、尾鰭への発達がそれに当たります。その他には、魚類に特有の鱗や、種ごとに違う体色があらわれたりします。

体が未発達な仔魚の時期は、捕食者から逃れるため、あるいは十分に泳げなくても海中に浮遊していられるように特殊な形をしたものも多くあります。例えばクエやマハタなどでは棘条の一部が長く伸び、人工衛星のような形になります。また浮遊期間が長いウナギやアナゴの仔魚は体が木の葉のように扁平になります。この他に、ヒラメやカレイでは、海中を漂う生活から海底に密着して住む生活に移行するにともなって、目が体の左右にある状態から片方に両目がある状態になるよう、発育の途中で片方の目が移動するものもいます。

第3章

クロマグロとその完全養殖を知ろう

21 マグロ類の種類と生態

熱帯から寒帯まで広く分布する

マグロの仲間（マグロ属 *Tunnus*）は全部で8種いて太平洋、大西洋およびインド洋に広く生息しています。

日本人にもっとも親しみのあるクロマグロは主に北半球の太平洋と大西洋（地中海を含む）に生息しています。長い間両大洋のクロマグロは同じ種としてきましたが、近年は別種とされています。現在のところ、両種はそれぞれクロマグロ（または太平洋クロマグロ）、大西洋クロマグロと呼ばれています（以降、2種を表す場合はクロマグロ類と記載します）。クロマグロ類はマグロ類の中で最も大きく成長し、最大で500～600kgに達します。クロマグロは台湾から南西諸島海域や日本海南西部で生まれ、海流に沿って北上しながら育ちます。日本周辺で1～3歳頃まで育つうちにアメリカ西海岸まで回遊する個体が現れます。アメリカ沿岸で育った個体は4歳頃から日本へ戻って産卵します。

クロマグロ類と一緒に「高級マグロ」、「トロマグロ」として高い価格で取引されているミナミマグロは、インド洋、太平洋の南半球に生息しています。成長すると100～150kgとなる中型マグロです。

この他に、ほぼ世界中の海に生息するキハダとメバチはマグロ類の漁獲量では1位と2位を占めています。ともに最大で200kgに成長する中型マグロです。小さいころはカツオなどと同じ群れをつくるのですが、成長すると単独に群れをつくり、キハダはやや表層に、メバチはやや深層で生活しています。キハダ、メバチと分布域が重なるビンナガは、脂の乗った「びんちょうトロ」として親しまれています。大きさは40kg程度の小型マグロです。

残りの2種はコシナガとタイセイヨウマグロです。コシナガはインド洋、太平洋の沿岸域に、タイセイヨウマグロはメキシコ湾からカリブ海、ブラジル沿岸に生息し、ともに20kg程度の小型マグロです。

要点BOX

- マグロの仲間は8種に分けられる
- 日本でなじみのあるクロマグロは2種類いる
- 生息域や大きさが種類ごとに異なる

マグロの種類

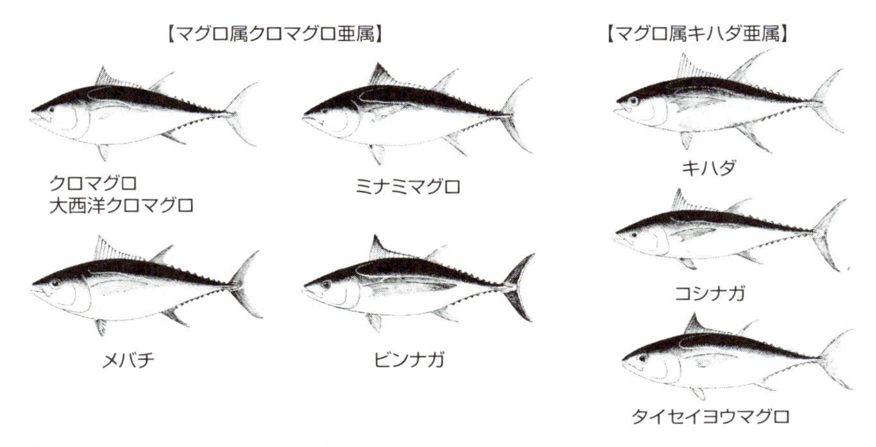

（FAO_species catalogue_Scomberより）

マグロの分布

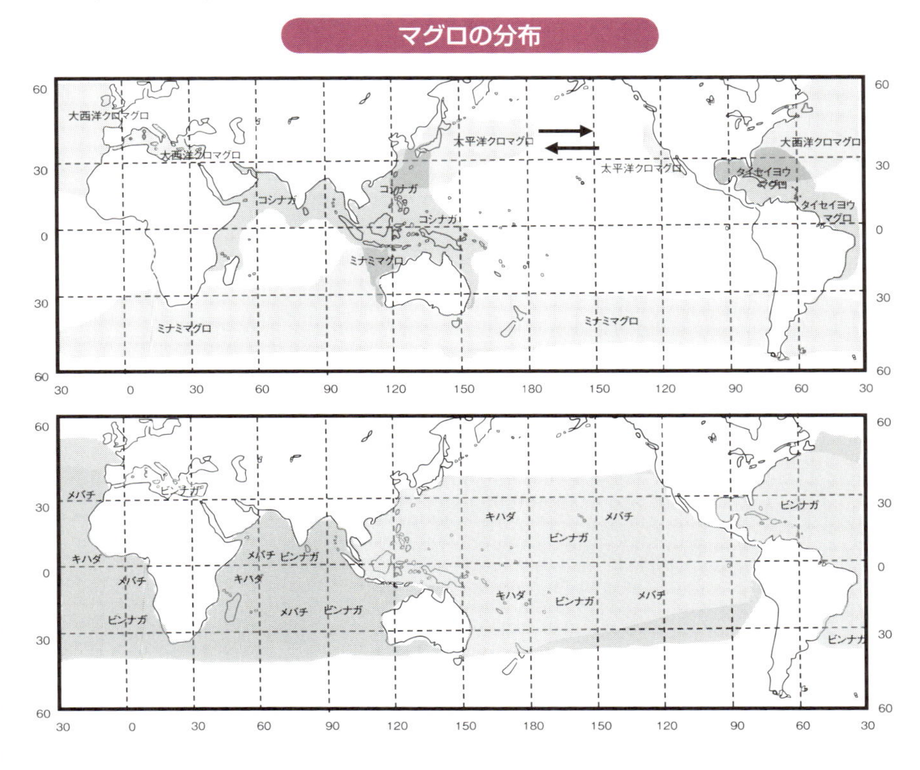

22 マグロ養殖の始まり

時代の流れで高まるマグロ養殖への期待

養殖を目的とした本格的な飼育試験は1970年に日本で始まりました。

1952年には戦後に制限されていた漁場範囲が撤廃され、日本漁船は沖合や遠洋に漁場を拡大し、世界中の海でマグロ漁業を始めました。しかし、1960年代に入ると世界的な海洋開発時代が幕を開け、諸外国もマグロ漁業へと乗り出し、競合するようになりました。このような中で、1960年代後半になると、日本のマグロ漁業の将来を懸念する声が多く聞かれるようになりました。国際間の漁業交渉も厳しくなり、水産庁は「マグロ消費国の日本としては、自主的にマグロなどの国際資源について増養殖技術開発に取り組む姿勢を示し、成果をあげる努力を続けなければ、今後の交渉はますます厳しくなる」として、マグロ類の養殖試験の新規予算を打ち出すことになりました。また、当時急速に生産量を伸ばしていたブリ養殖の次の高級養殖魚種開発という意味からも、期待が寄せられました。こういった背景から、水産庁委託事業として「マグロ養殖技術開発企業化試験」が1970年から3年間の期限付きで始まりました。

この大型プロジェクトには、国の水産研究所（現在の国立研究開発法人水産・教育研究機構）が中心となって県や大学が参加しました。目標は、①幼魚を活け込み（生かして漁獲し、網生簀へ収容すること）、育てる短期養殖技術の開発、②天然親魚から採卵し、種苗生産技術を開発することでした。3年間の成果として、ヨコワ（クロマグロ幼魚の呼び名）の活け込みと養成に成功し、養殖に必要な要件とその可能性を実証できたことが挙げられます。種苗生産では、近大水研がキハダやカツオ類の人工受精卵を用いて飼育実験を行い、ヒラソウダとマルソウダでは10㎝以上に育てることに成功し、完全養殖への歩みが始まりました。

要点BOX
- ●海外と競合するようになり養殖が求められた
- ●マグロ養殖は水産庁委託事業として始まった
- ●ヨコワの活け込みとソウダの飼育実験に成功

マグロ養殖が始まった時代背景

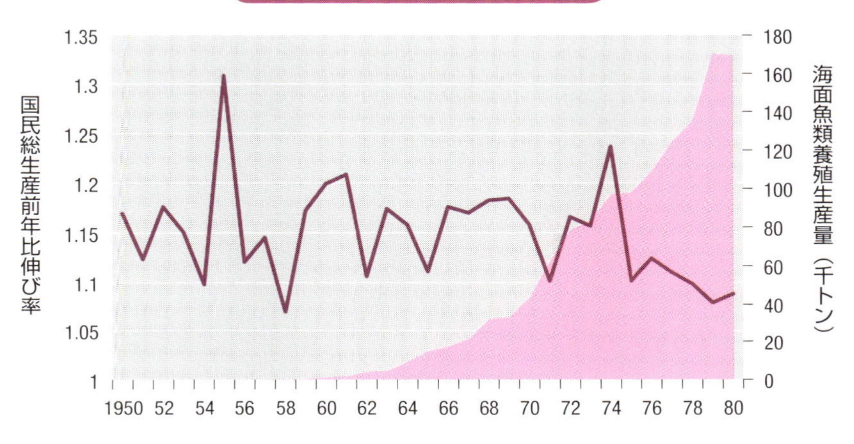

＊海面魚類養殖生産量はブリが主体

マグロ養殖プロジェクト参加機関

マグロ養殖技術開発企業化試験(1970年)
（図中に示した機関が参加）

23 海外のマグロ養殖の歴史と発展

世界中で養殖が行われている

海外でのマグロ養殖は、東カナダで漁網を販売していた日本人ビジネスマンのアイデアから始まりました。彼はノバスコシア州のセントマーガレット湾の定置網に、メキシコ湾で産卵を終え、痩せた大型の大西洋クロマグロが相当量水揚げされること、地元漁村の古老からは「マグロを出荷するまで定置網内で一週間あまり生かしていた」ことを聞き、長期蓄養の可能性を感じました。餌を与えて脂を乗せ、日本への出荷を始めたのが1975年です（カナダ型養殖法と呼ぶ）。しかし、この地方は寒流の影響で水温が7℃以下になり、マグロが大量死するため、現在養殖は行われていません。その技術はスペイン・モロッコに渡り、1984年にはマグロ養殖が始まりました。しかし、その後、沿岸域の環境の悪化により回遊経路が変わって定置網に入網しなくなりました。

1980年代になるとミナミマグロの漁獲量が減少し、日豪両国の業界団体は日本の海外漁業協力財団に対して、蓄養の可能性についての調査を要請、1990年に調査団を派遣し、南オーストラリア州ポートリンカーンが適地と判断して、日本からプロジェクトチームを派遣し、一本釣り漁による蓄養が始まり、1991～1993年まで行われました（日本型養殖法と呼ぶ）。一方、1992年から地元と日本企業との合弁会社も蓄養に取り組み、まき網漁による活け込みを始めました（オーストラリア型養殖法と呼ぶ）。この方法は魚のダメージが小さく、高い生残率を示したことから、1995年には地中海諸国、さらにメキシコにも伝わり、1997年からバハ・カリフォルニアにおいて養殖が始まりました。お隣韓国でも2010年代に入り、日本型養殖法が始まっています。日本で始まったマグロ養殖は、今や世界の海で行われています。

要点BOX
- ●東カナダで蓄養を始めたのがきっかけ
- ●豪州では日本と共同で養殖が行われた
- ●韓国やメキシコでも養殖が始まっている

マグロ養殖方法の種類

養殖法	活け込み·種苗		養殖の目的	国
	漁法	サイズ		
日本型	ひき縄·釣り	小型魚	成長させるため約3～4年養殖	日本·韓国
カナダ型	定置網	大型魚	成長は求めず脂を乗せるために数ヶ月間養殖	なし
オーストラリア型	まき網	小型魚	成長させるため約2～4年養殖	日本·クロアチア·(韓国)
		中～大型魚	成長は求めず脂を乗せるために数ヶ月間養殖(1年以内)	オーストラリア·地中海諸国·メキシコ

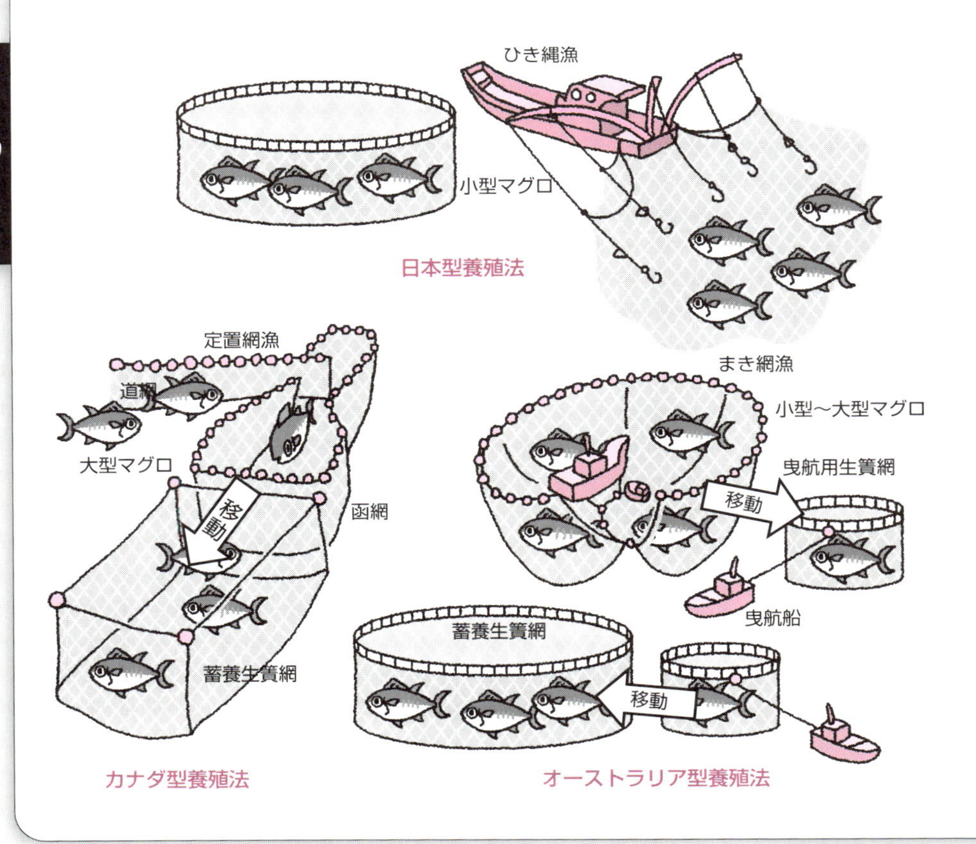

24 世界のマグロ類の養殖

国によって養殖するマグロの種類が異なる

養殖マグロ類は太平洋クロマグロ、大西洋クロマグロ、ミナミマグロ、キハダの4種類です。国連食糧農業機関（FAO）の統計データベース（2016年まで）と日本の漁業養殖業生産統計（2017年）を元にマグロ類の養殖生産量を見て行きます。

太平洋クロマグロの養殖生産量は、日本が1万3400トン（2017年は1万5800トン）、メキシコが8800トンとなっています。2010年代に入り、両国の生産量が急速に拡大しましたが、日本では2012年10月に農林水産大臣指示により、天然魚の保全のため、養殖に利用できる天然魚の活け込み尾数は2011年の実績（53万9000尾）を超えてはならないことになりました。メキシコでは2017年と2018年は年間漁獲量の上限を3300トンとし、2年で6600トンを超えないよう制限されています。生産額では、日本が約400億円、メキシコが約46億円（1ドル112円として計算）です。韓国の生産量は日本とメキシコに比べると多くはないようです。

2016年の統計では、大西洋クロマグロの養殖はクロアチア、マルタ、スペイン、チュニジアおよびトルコの5ヶ国で行われており、合計6909トンが生産されています。その内クロアチア、マルタの2国で全体の75％を占めています。生産額では全体で約115億円に上ります。地中海では2000年代に入り厳しい漁獲量制限が行われました。近年は資源量が回復傾向となり、漁獲制限も緩くなったため、今後は養殖生産量が増える可能性が考えられます。

ミナミマグロの養殖はオーストラリアのみで行われています。生産量は年間約8900トンです。

キハダはメキシコにおいて2005～2007年に約1000～2000トンが生産されましたが、現在の生産量はわずかです。中東のイエメンでも一時期10～30トンが養殖されていました。

要点BOX
- ●太平洋クロマグロは日本とメキシコが中心
- ●大西洋クロマグロは地中海周辺国が中心
- ●ミナミマグロはオーストラリアのみで生産

世界のマグロ養殖生産量の推移

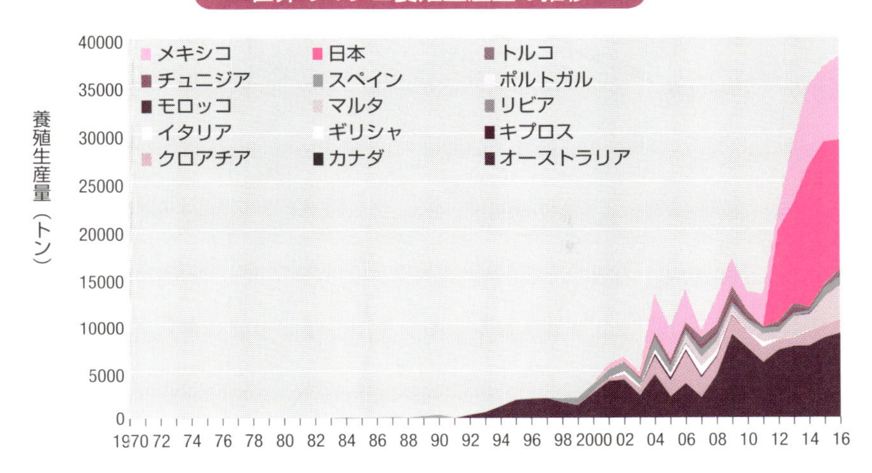

ミナミマグロ（オーストラリア）、太平洋クロマグロ（日本、メキシコ）、大西洋クロマグロ（地中海諸国）の養殖生産量の推移を示す

FAO_FishStatJ、水産庁_漁業・養殖業生産統計より作図
養殖開始から終了までの体重増加分を生産量として示している。日本のデータは収穫時の重量を生産量としている

世界のクロマグロ養殖場

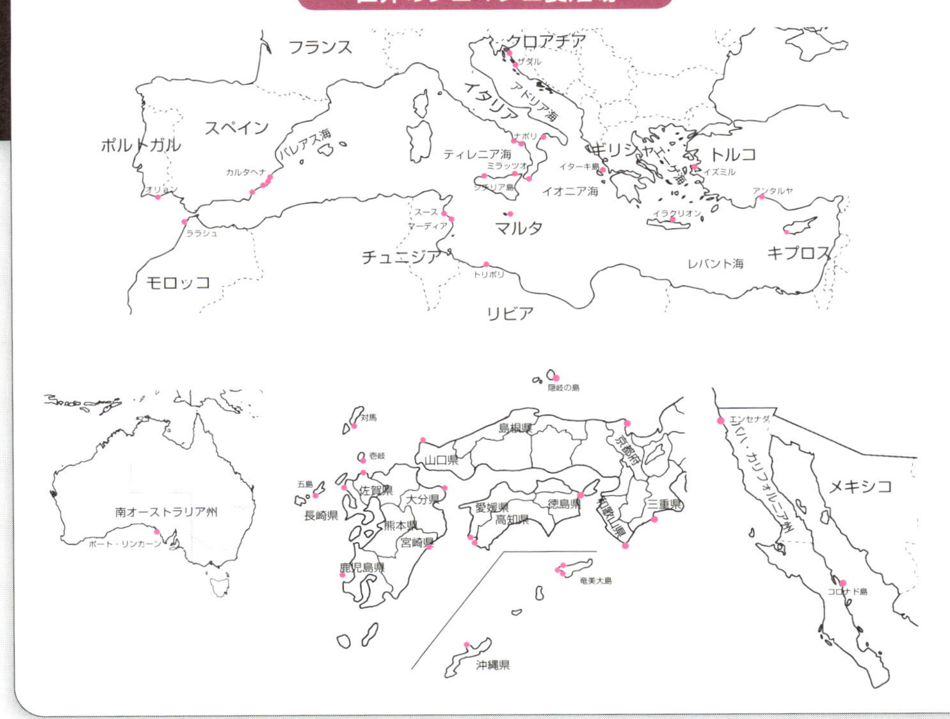

25 完全養殖が注目される理由

資源保全の観点から注目されている

「完全養殖」と「養殖」では何が違うのでしょう。マグロに限らず、これしかないという答えは、「養殖される種苗の〝由来〟の違い」です。マグロ養殖では、数百g～数kgの幼魚や数百kgの成魚を天然の海から漁獲して育てていますが、これは単なる「養殖」です。大部分のマグロ養殖はこのタイプの養殖です。

一方、飼育しているマグロの成魚が成熟し、産卵した卵から種苗を育て、その人工種苗を利用した養殖も行われるようになってきました。このとき、親となるマグロが天然由来のものである場合には「養殖」、人工種苗が親である場合を「完全養殖」と呼びます。つまり、「完全」に人が育てた親と子どもを利用したタイプの養殖です。

太平洋クロマグロと大西洋クロマグロの資源の減少は、世界的に注目されている問題です。その原因として幼魚の漁獲が挙げられています。例えば、太平洋クロマグロでは、全体の漁獲量の約98％が産卵年齢（3歳）に達する前の0～2歳までに漁獲されています。この中には養殖用に漁獲されている幼魚も含まれています。つまり資源が減った原因は、養殖用に幼魚をたくさん漁獲するようになったからだ、との意見があります。実際、養殖に利用される分として漁獲量が増加したところはあるでしょう。特にメキシコでは養殖が始まってからの漁獲量が大きく伸びていて、ほとんどが養殖に利用されています。日本でも同じ傾向があります。そこで、クロマグロ資源を保全し将来も持続的に利用するため、幼魚の漁獲量を制限する政策が取られています。それは、100kgのマグロ1尾の漁獲を制限するより、1kgのマグロ100尾の漁獲を制限する方が資源の保全に有効だからです。

天然魚の代わりに完全養殖による人工種苗を利用すると、資源を保全しながら養殖もできるため「完全養殖」が世界的に注目されているのです。

要点BOX

- ●親魚が人工種苗である養殖を完全養殖と呼ぶ
- ●持続的な利用のため幼魚の漁獲を制限
- ●完全養殖は資源保全と養殖を両立する

クロマグロ親魚資源量の減少

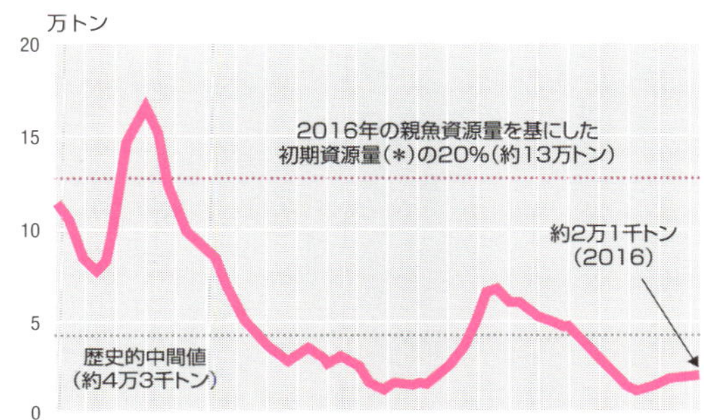

(*)初期資源量：資源評価上の仮定を用いて、漁業が無い場合に資源上どこまで増えるかを推定した数字
かつてそれだけの資源があったということを意味するものではない

平成30年度太平洋クロマグロの資源・養殖管理に関する全国会議資料より

年齢別漁獲量

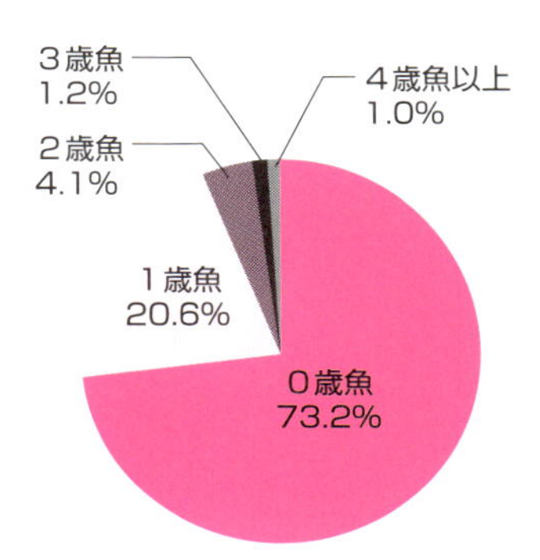

マグロ資源の保全と方法

同じ漁獲量なら小型魚を残す方が効果が大きい

1kg×1000尾 ← 漁獲量は同じ →

平成30年度太平洋クロマグロの資源・養殖管理に関する全国会議資料より

26 クロマグロの完全養殖の歴史

30年以上の歳月を経て成功した完全養殖

クロマグロの完全養殖は2002年に近大水研において世界で初めて成功しました。

近大水研は1970年に始まった水産庁プロジェクトに参加し、クロマグロ養殖の研究をスタートしました（22項参照）。プロジェクトが終了してからも継続して技術開発を進めました。養殖はもちろんですが、親魚として養成し、受精卵を採ることを目的としていました。そして、1974年に収容した約800尾の幼魚が1979年（5歳）には体重70kgとなり、60尾が生残していました。6月20日の午後5時過ぎ、直径30m（深さ7m）の円形をした網生簀の中で海面が渦を巻くほどにクロマグロが円を描いて泳ぎ、産卵しているのが観察されました。世界で初めてクロマグロの産卵行動を観察し、さらに大量の受精卵を得ることに成功したのです。さっそく、受精卵を孵化させ、飼育が行われました。しかし、当時は飼育方法や仔魚に必要な栄養素などの知見に乏しく、飼育できたのは孵化後47日目まで、稚魚の全長は57㎜まででした。その後、同じ親魚群が1980年（6歳）、1982年（8歳）にも産卵し、飼育が試みられましたが、それぞれ30日目と57日目に全滅しています。この親魚群は1982年を最後に、産卵が止まってしまいました。

このような状況の中で1987年に活け込んだ群れが1994年（7歳）に産卵を開始しました。前回の産卵から実に11年間のブランクがありました。その後はほぼ毎年産卵が確認できるようになり、1995年と翌年の産卵で得られた卵は約300gの幼魚までそれぞれ648尾、287尾育てることに成功し、2002年には合わせて20尾（7歳と6歳）が親魚として生き残っていました。そして6月23日にこれらが産卵を始め、ついに完全養殖が達成されました。その子供達は2年後に、世界で初めての完全養殖クロマグロとして出荷されています。

要点BOX
- 1979年に初めて産卵が観測される
- 仔魚は最初は2ヵ月以内に全滅してしまった
- 2002年に世界初の完全養殖に成功

クロマグロ完全養殖までの歴史

西暦	近畿大学水産研究所	その他
1970	水産庁プロジェクトに参加･研究開始	
1979	5歳魚が世界で初めて産卵し、全長57mmの稚魚を育てる	
1981	産卵していた群が産卵しなかった	
1983	この年以降産卵する親魚が見られなくなる	
1991		民間2社で産卵を確認
1994	7歳魚で産卵を確認	
1995	全長30cmの幼魚を648尾生産	
1996	全長30cmの幼魚を287尾生産	
1999		葛西臨海水族園で産卵、水槽では世界初
2002	人工7歳魚6尾、6歳魚14尾の親魚群が産卵 完全養殖の達成	
2004	完全養殖クロマグロを初出荷	

クロマグロの完全養殖サイクル

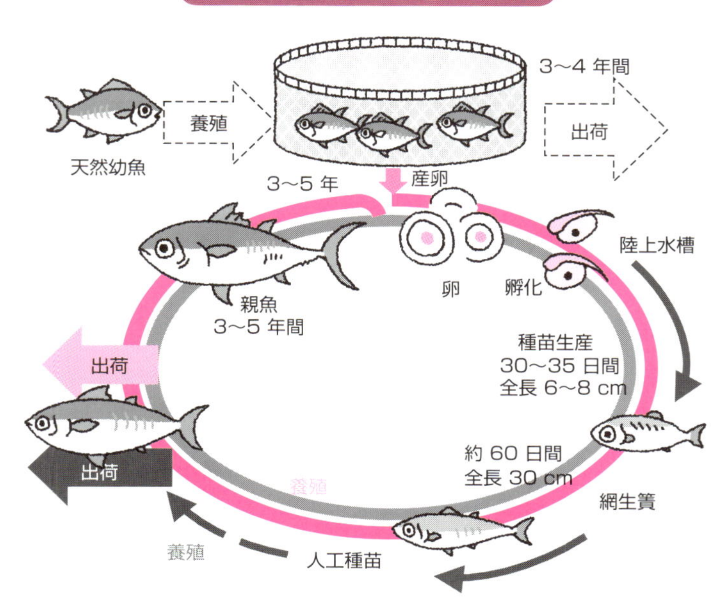

27 生簀におけるクロマグロの産卵と生態

養殖によって不明だった生態が少し明かされた

1979年に近大水研において、世界で初めてクロマグロの産卵が生簀網内で観察されてから、産卵生態について多くのことが明らかになってきました。

1尾のメスを1～数尾のオスが追尾し、円を描くように泳ぎながら産卵します。メスが放卵すると追っているオスが放精し、水中で受精が起きます。卵は海水面に浮いてくるので、ネットですくって回収することができます。数百kgに成長するクロマグロですが、卵は直径約1㎜で産まれてきます。0・1㎜前後の違いですが卵の大きさは水温の影響を受け、水温が高くなると小さく、低くなると大きくなる傾向があります。産卵期間は水温などによって異なりますが、これまでに観察した中では5月初旬～11月中旬頃まで続いていました。クロマグロの1尾のメスが、1産卵シーズン中に何回産卵し、それは毎日なのか時々なのか、さらに1尾のメスがどれほどの卵を産むのかなどは大変興味深い研究テーマです。そこで、卵の中にあるミトコンドリアという小器官が母親からのみ受け継がれることを利用し、この小器官のDNAの違いを調べることで、得られた卵の雌親を特定しました。例えば2002年の9歳魚の例では、5月中旬～9月下旬までの産卵期間中に、それぞれのメスが1～20回産卵を繰り返したと推定されています。また、数日の間に毎日産卵するメスや成熟期に数回しか産卵しないメスがいることが分かりました。産卵する卵の数はメス親の大きさによって異なりますが、体重約330kgのメスで1産卵シーズン中に約1～2億粒の卵を産卵すると推定されています。

これらの結果は、あくまでも生簀網の中におけるクロマグロの産卵生態であり、天然も同じ、とは言えません。しかし、広い海では知りえない生態について、その一端を知ることができるため養殖魚からの情報は大変貴重です。

要点BOX

- 1尾のメスに対し、複数のオスが追尾して産卵
- 卵の大きさは水温に影響を受ける
- 産卵の数や頻度には個体差がある

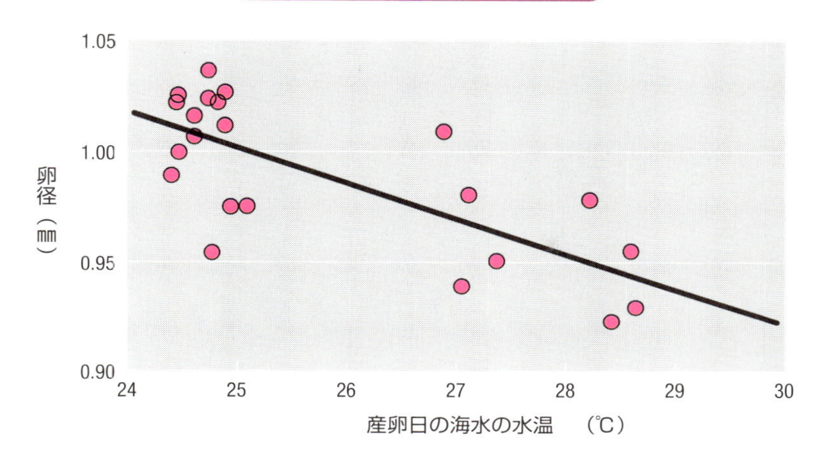
受精卵のサイズと水温の関係
1.05
1.00
0.95
0.90
卵径（㎜）
24
25
26
27
28
29
30
産卵日の海水の水温　（℃）

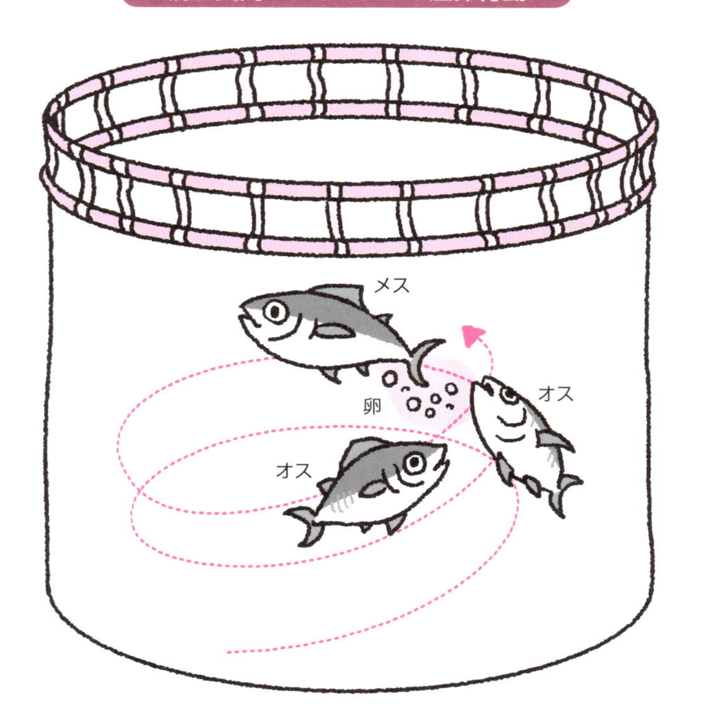
網生簀内のクロマグロの産卵行動
メス
オス
卵
オス

28 クロマグロの仔魚から幼魚までの育て方

完全養殖に欠かせない種苗生産技術

養殖用のクロマグロの幼魚を必要なだけ作れると、天然幼魚を取る必要が無くなり、資源枯渇の問題が解決できるかもしれません。このため、仔魚から幼魚の種苗生産は、完全養殖の根幹技術になります。しかし、以前は幼魚になるまでに99％以上が死にました。孵化して10日齢までの「初期減耗」、10日齢から30日齢までの「共食い」、30日齢以降の「生簀での大量死」などが発生したからです。

初期減耗は、仔魚が水面に張り付く「浮上死」、夜間に水槽底に沈む「沈降死」などが原因です。自然界の仔魚は、水面近くに分布することが少なく、近づいても波があるために浮上死が起きないとされています。また、夜は水深30m程度まで沈降することもありますが、海底には到達しません。水槽で同じ環境を作れないため、現在は水面に油を添加して仔魚の張り付きを減らすなどで浮上死を防いでいます。また、夜間に電気を点灯して沈降死を減らす方法や、水流を作って水槽底に仔魚が滞留しないようにして、生残率を高めています。

共食いは、仔魚に適切な餌が不足するなどで発生しますが、イシダイなどに卵を産ませ、孵化した仔魚を与えて減らすことができます。しかし、この方法は労力やコストがかかるため、クロマグロが消化できる配合飼料が開発されました。それでも、20日齢頃の稚魚になる前の配合飼料はまだ十分に開発されておらず、課題として残されています。

生簀での大量死は、水槽から生簀に移動直後の一週間に多く発生し、その後もしばらく死亡が続きます。原因は、夜間の網への衝突や接触、摂餌不良、餌でないものを食べてしまう誤飲、輸送時の網による皮膚損傷など、様々な要因で発生します。この時期の配合飼料が開発され、技術が向上して生残率が改善されましたが、まだ完全には死亡が無くならず、種苗生産の課題として残されています。

要点BOX
- ●クロマグロ資源の問題を解決する中心課題
- ●以前は幼魚になるまでに99％以上が死亡
- ●大量死の原因ごとに対策の開発が必要

仔稚魚の死亡要因

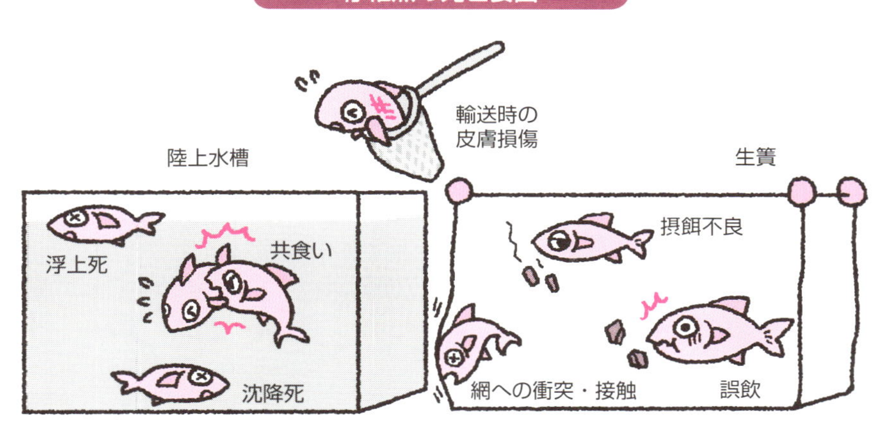

クロマグロ仔稚魚、幼魚の様子

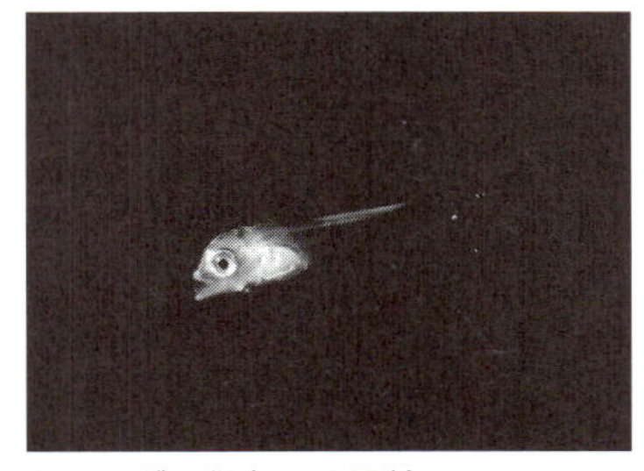
クロマグロ仔魚(12日齢)

クロマグロ稚魚(20日齢)

衝突後に首が曲がったまま
遊泳するクロマグロ稚魚

クロマグロ幼魚

29 養殖クロマグロの成長と生残

出荷まで生き残るのは半分以下

クロマグロは他の魚と同じように、適度に高い水温環境でしっかりと餌を与えて養殖すると、速く成長します。餌には冷凍のサバやイワシなど、最近では配合飼料も利用されています。マグロはたくさん餌を食べるため、ほぼ毎日餌を与えています。

近大水研では鹿児島県奄美大島と和歌山県串本町の2カ所でクロマグロの養殖試験を行っています。奄美大島の年間平均水温が24・8℃、最低水温が20・4℃であるのに対し、串本では平均21・1℃、最低15・6℃と最低水温で約5℃の違いがあります。この違いはマグロが食べる餌の量と成長に影響します。2009年に産まれた完全養殖クロマグロの成長例で比較すると、奄美大島では4年で約100kg、串本では約50kgと約2倍の成長差となりました。成長が早いことは養殖にとっては大きなメリットです。これが、クロマグロ養殖場の多くが、西日本や沖縄など水温の高い海域にある理由です。

天然の幼魚を養殖する方法では、出荷までの生残率は0歳魚からでは約60%程度、まき網で漁獲される1歳魚以上の幼魚からは90%以上が生き残ります。完全養殖では、平均全長5～8㎝までの稚魚は陸上で飼育しますが、海上の生簀網へ移されたときから出荷までの生残率はおよそ30～40%です。特に海上での飼育がスタートした直後の死亡率が高いのが問題となっています。人工種苗から養殖されているマダイの生残に比べると、マグロの養殖の難しさが理解できるでしょう（図参照）。マグロは速くまっすぐ泳ぐのは得意ですが、急に曲がったり、止まったりすることが不得手で、生簀網へ衝突し骨折などで死亡します。このような行動が起きる原因としては、夜間の雷光などによる急激な明るさの変化や豪雨による海水の濁りの影響などがあり、養殖に甚大な損害を起こすことがあります。また、最近は病気による死亡も増えてきています。

要点BOX
- ●水温が高いほど短期間で成長する
- ●出荷までの生残率はおよそ30～40%
- ●遊泳中の衝突や病気が主な死亡要因

養殖クロマグロの成長

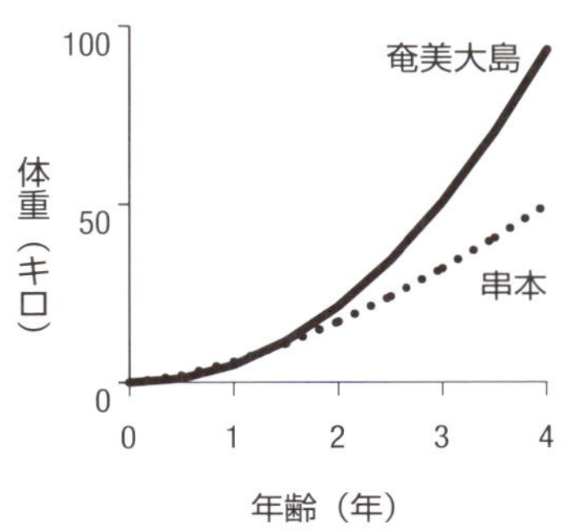

養殖環境の違い

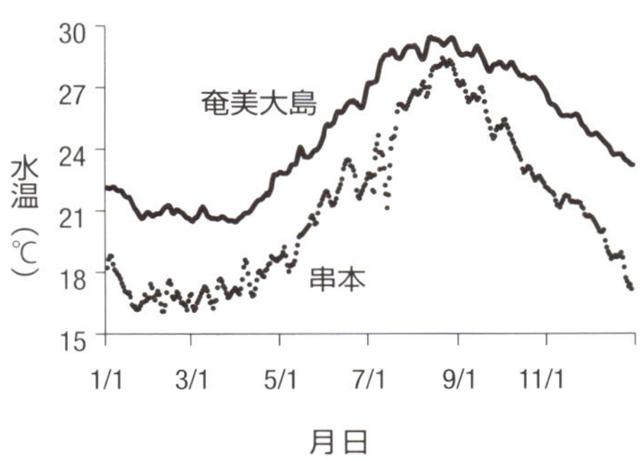

養殖した人工種苗の出荷までの生残率

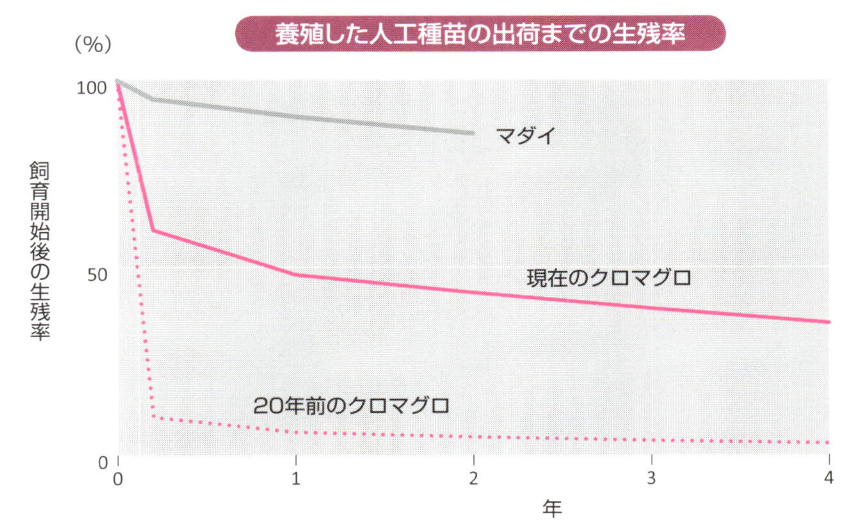

孵化後１ヵ月、
全長５～７cm（沖だし）

孵化後３ヵ月、
全長30cm

出荷魚：孵化後３～４年、
全長130～150cm

30 売値を左右する出荷方法

正しい処理で商品価値を高める

　刺身や寿司など主に生で食べられるクロマグロは、筋肉中の脂ののりはもちろんのこと、鮮度や匂い、さらに赤身の色合いなどの色調が価値を大きく左右します。マグロの扱い方しだいで、大切に育てたマグロが高値で売れるか売れないかが決まります。売値に影響する要素としては、脂ののりを除くと「鮮度」「赤身の色調」「ヤケ」「シミ」などがあります。鮮度低下と赤身の赤褐色変は、主に筋肉中のATP（アデノシン三リン酸）という物質が死後に減少することによって起こります。一方、ヤケ、シミは取り上げ時の体温上昇、乳酸の蓄積、筋肉損傷、血管内に血液が残ってしまうことなどで起こります。逆に考えると、ATPの消失を遅らせ、筋肉中に血液が残らないようにするための処理が必要ということになります。その方法について説明します。

　マグロの取り上げには大物釣り用の電気ショッカーを用い、電気ショックで麻痺させてから船上に引き上げます。麻痺している間に、専用の道具「延髄突き」で延髄を含めた脳を破壊し、運動神経を麻痺させることで、エネルギー源であるATPの消費と乳酸の生成を抑えることができます。続いて血管の集まっている部位に切れ目を入れ、心臓が動いている間に脱血します。そして延髄を破壊した穴から神経締め用ワイヤーを挿入し、延髄から尾の方へ延びている脊髄を破壊し、筋肉などの運動を完全に停めます。ワイヤーを通した瞬間、マグロはけいれんを起こして、動きを停止します。さらに、鰓（えら）を切り離し、鰓を引っ張って、消化管や生殖腺を一緒に抜き取ります。血液の溜まっている腎臓や血を洗い流し、氷で冷やしたコンテナに収容し、体の芯まで冷やすためにお腹の方にも氷を詰め込んで、船上での作業は終了です。ここまでの作業をスピーディーかつ確実に行うことにより、商品としての価値を高める工夫をしているのです。

要点BOX

- マグロの値段は鮮度と見た目で決まる
- 鮮度を保つため延髄を破壊して脱血し、消化管などを抜き取ったら氷で冷やす

マグロの取り上げから冷却までの処理工程

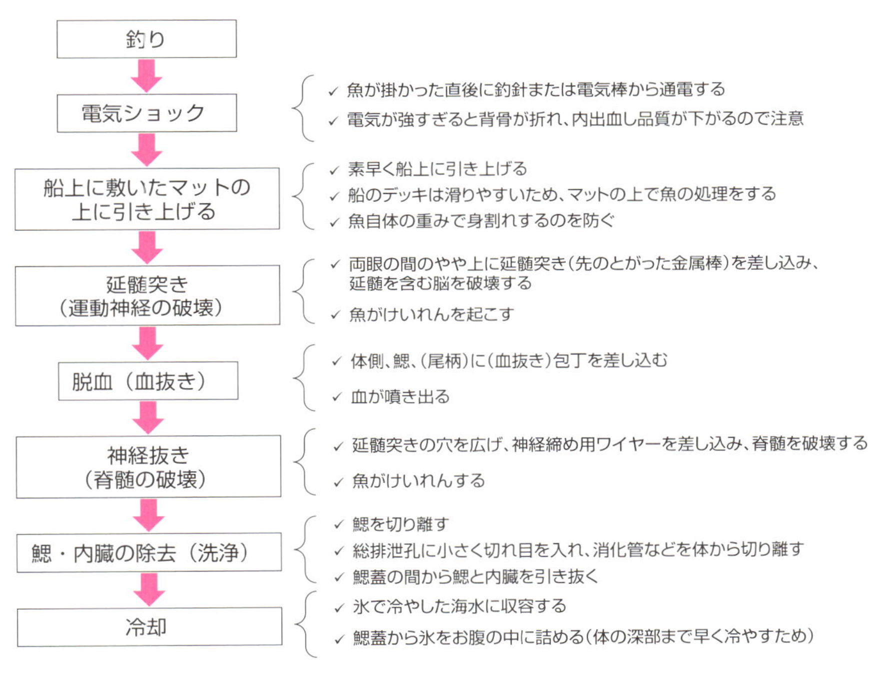

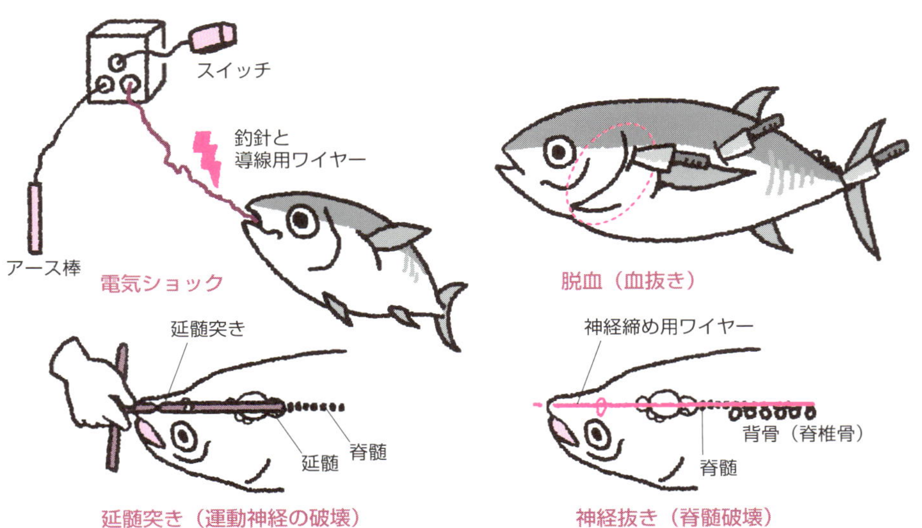

31 持続性と安全性

サステナビリティーとトレーサビリティー

クロマグロの需要が増えれば、天然資源への漁獲圧力が高まることは必然です。マグロ資源の持続的利用の観点からも、人工種苗を育てる完全養殖が必要です。さらにクロマグロ完全養殖それ自体がサステイナブル（持続可能）であることも必要です。その最も大きな課題は餌です。クロマグロは、生魚を餌にした場合、10～15kgの餌で1kg体重が増えますが、餌のサバ、イワシ、アジなどは食用魚であり、今後食用との競合が予想されます。そこで魚以外の餌が必要であり、最も有力なのは大豆やトウモロコシから取り出す植物性タンパク質です。既に市販の配合飼料にも大豆タンパクが含まれています。今後はクロマグロをベジタリアンにすることが目標です。

また完全養殖クロマグロでは、完全なトレーサビリティーが保証されます。それは卵から成魚まで全て飼育管理できるからで、これは捕獲後のトレーサビリティーのみが保証される天然物と違う点です。どこで、誰が、どんな方法で養殖したか全て公開可能であり、全てを公開し、かつ優れた品質を保証することが求められます。さらにそれを一般の消費者にもよくわかるように商標登録することが求められます。また、近畿大学は大型の天然クロマグロにおける水銀蓄積の問題を解決する方法を解明し、水銀蓄積量の減少に成功しました。厚生労働省は妊婦への魚介類の摂食と水銀に関する注意事項で、クロマグロの1週間の摂取許容量を80g程度としています。養殖クロマグロに蓄積される水銀はほぼ全て餌に由来します。そこで近畿大学では、養殖で用いる生餌であるアジ、サバなどの水銀量を測定し、それが少ないものを餌として育てることで、クロマグロの水銀量を同じ大きさの天然魚よりも減らしました。さらに養殖クロマグロでは一般的にトロの肉質となる脂質の含量も高くなっています。

要点BOX
- ●完全養殖はマグロ天然資源の持続性に貢献
- ●誰がどこでどのように育てたかが明確になる
- ●完全養殖によってマグロの水銀蓄積を軽減

近大マグロの商標登録とトレードマーク

近大マグロ®

特許：第4005993号ほか
商標登録：第4933272号
権利者：近畿大学

水銀含有量と脂質含有量の比較

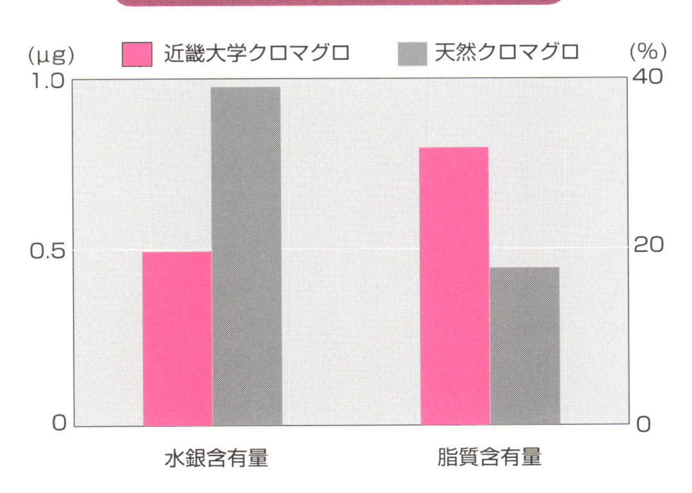

32 ハイリスクなクロマグロ養殖

天災・魚病などが大きな損失の原因

クロマグロは生産単価が高く、また大がかりで特殊な養殖施設が必要です。クロマグロの養殖生簀は小型なもので円形の場合直径20m、深さ10m、大型なもので直径40m（あるいは1辺40mの四角）、深さ15m程度あり、サケやブリ類の大型生簀と同等かそれ以上の大きさです。またマダイやシマアジ、トラフグなどの生簀（一般に一辺12mの四角、深さ3m程度）よりかなり大きく、生簀枠と網で1セット1000万円程度します。これに収穫用の船、電気ショック機器、収穫後に体温を下げるための冷水循環施設、生簀網の洗浄ロボットなど特殊な機器や施設も必要で、多額の投資が必要となります。

一方で、クロマグロは台風による生簀破損、養殖場付近にある河川からの濁水の大量流出、赤潮（酸欠と生物毒）による被害を受けやすいデリケートな魚で、過去に日本で数千万円から数億円の大きな損失がありました。また夜間の雷光が原因で、クロマグロが生簀網の中でパニックを起こし、網に衝突して死亡し大きな被害を被った経験もあります。またクロマグロ養殖は収容から出荷まで3〜4年と、マダイやブリ類の1〜2年に比べると長く、生産単価が高くなることも被害金額が大きくなる原因です。同様の被害は、オーストラリアやメキシコでの荒天や酸欠など海外でも報告されています。したがってクロマグロ養殖では、台風の影響が少ない、付近に大きな河川が無い、海水の溶存酸素が高いなどの条件を満たす適地を選ぶことが最も重要ですが、全ての条件がそろった海域を見つけるのは困難です。

災害や事故による損失に関しては、漁業共済組合・全国漁業共済組合連合会が、ぎょさい制度を設けており、保険で損失が補填される場合があります。養殖も天候の影響を大きく受ける点では陸上の農業と同じです。

要点BOX
- ●クロマグロの生簀は大きく、特殊な設備が必要
- ●環境の影響を受けやすく、被害が出やすい
- ●災害や事故の場合、保険による損失補填がある

クロマグロの養殖用生簀

上：1辺が30mの四角形、下：直径35mの円形

マグロ養殖の妨げとなる現象

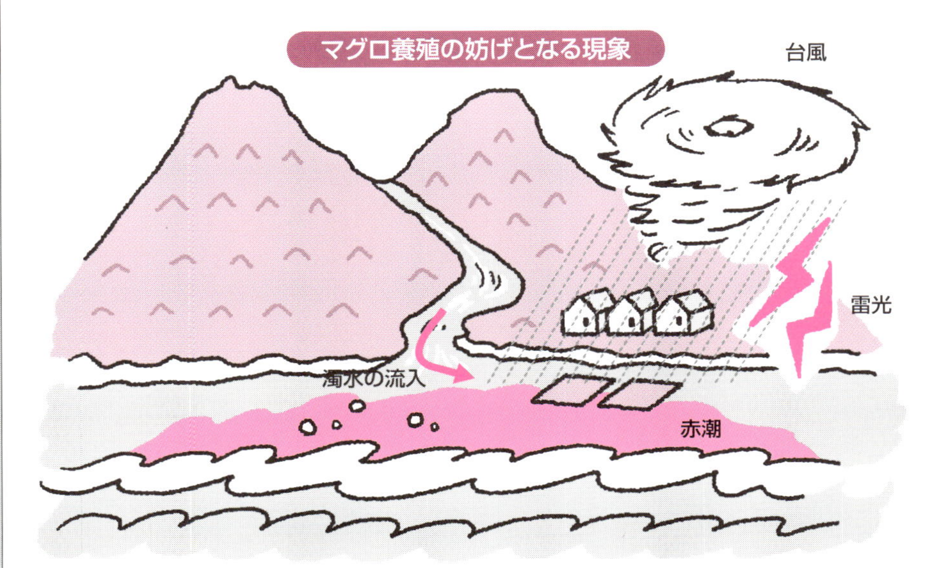

33 その他のマグロ類の養殖

ミナミマグロとキハダ

ミナミマグロはクロマグロと並ぶ最上級のマグロです。近年の漁獲量は2万トン（2015年）と、太平洋、大西洋のクロマグロと大きく変わらず、世界の主要なマグロ類の漁獲量200万トンの1％程度と大変に希少なマグロです。南半球に生息するミナミマグロは保存委員会の漁獲規制強化を背景に、日本の技術協力のもと1990年にオーストラリア南岸で蓄養調査が開始され、2014年現在では年産7500トン程度の産業となっています。まき網で捕獲した幼魚（体重10から15kg）を曳航生簀で沿岸の養成生簀まで運び、商品サイズにまで育てるという蓄養方式はその後地中海やメキシコでのクロマグロ蓄養のスタンダードとなりました。主な市場は日本で、30～50kgの出荷サイズでメキシコ産と競合しています。一方で連邦政府の厳しい養殖量管理や環境保全の取り組みで、持続性を確保した産業となっています。ミナミマグロでも完全養殖の試みがなされましたが、達成されませんでした。

キハダは世界中の熱帯・亜熱帯に分布する大型マグロで、漁獲量は130万トン程度と最も多い種です。2005年～2007年にメキシコなどで1100～2000トンが養殖されましたが、その後は多くても170トン程度にとどまっています。近畿大学は、日本のJST（国立研究開発法人科学技術振興機構）とJICA（独立行政法人国際協力機構）の支援を得て、パナマ共和国水産資源庁、全米熱帯マグロ類委員会と、クロマグロとキハダの資源持続的利用を目的とした共同研究を実施し、パナマで養成親魚から受精卵を得て人工孵化したキハダを幼魚にまで育てました。キハダの人工孵化は、日本の海外漁業協力財団の支援で、インドネシアのバリ島でも行われるなど、熱帯・亜熱帯の地域では機運が高まっています。この他小型のタイセイヨウマグロの養殖研究がされています。

要点BOX
- ●ミナミマグロはオーストラリアで年産7,000 tの規模で蓄養されている
- ●キハダにも養殖の機運はあるが規模は小さい

世界の主要なマグロの漁獲量

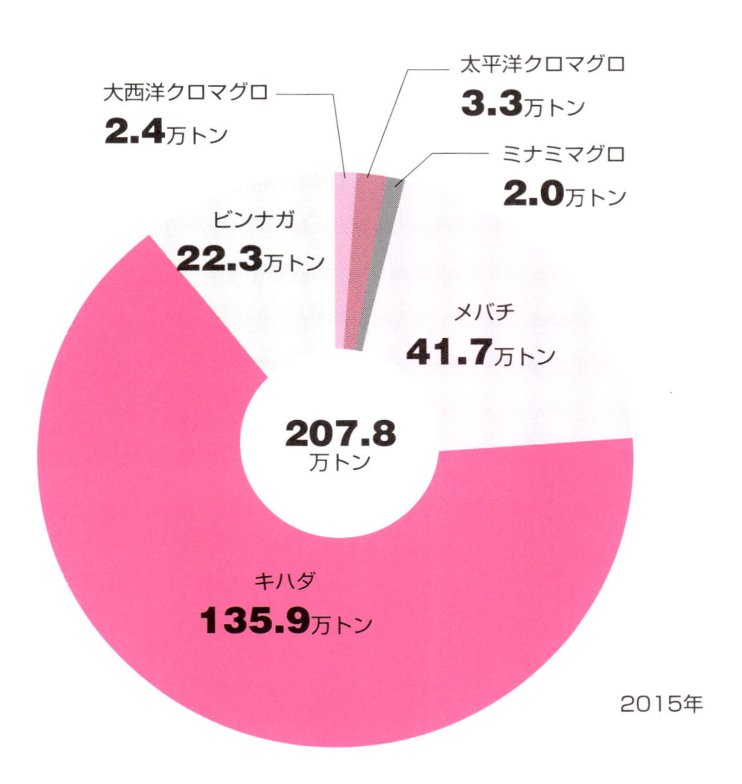

ミナミマグロ
- オーストラリア南部で養殖
- 日本に多く輸出されている
- 完全養殖は達成されていない

キハダ
- メキシコ、パナマなどで養殖
- 熱帯、亜熱帯地域で養殖の機運が高まる
- 人工孵化で幼魚まで育てた

Column

特殊に進化したクロマグロ

クロマグロの成魚は体長が2m、体重が200kgを超える大型の魚です。その体型、鰭の形などは、広い海を高速で巡航遊泳して過ごす生活に適したものとなっています。まず体を大型にすることで慣性力、すなわち動いている物体は動き続けようとする性質を小型の魚よりも有効に利用でき、遊泳効率が良くなります。小型魚では、遊泳の際の抵抗力が相対的に大きく、遊泳で大量のエネルギーを消費するため、効率的ではありません。

また、マグロ、カツオ、カジキなどに特有の三日月型の尾鰭も高速巡航遊泳を効率的に行える形なのです（21項参照）。これに対し待ち伏せ型の狩りをするクエなどハタ類では、静止状態から一気に加速が可能なうちわ型の尾鰭を持っています。さらに、マグロ類は遊泳の際に抵抗力を減らすために、胸鰭、腹鰭、第一背鰭を体の溝やくぼみに格納することができます。第一背鰭は、方向転換するときにだけ背中の溝から出て開きます。まるで可変翼を持った戦闘機のようですね。

さらに普段見かける機会は少ないですが、マグロ類も鱗を持っています。しかし、遊泳の際に重荷にならないように大部分が薄い鱗です。ただ、水の抵抗を受ける顔面や体の前面（コルセット）の部分の鱗は厚く、特殊な形をしています。

クロマグロが進化の過程で獲得してきた特殊な性質は体のサイズや形ばかりではありません。体のはたらき、つまり生理機能もそれに当たります。マグロ、カツオ、カジキ類の筋肉は赤い色をしています。つまり赤身の魚です。この赤い筋肉は、エネルギー生産に関わる酵素を多量に含んでいて、その高い代謝能力により、高速巡航遊泳に必要なエネルギーを多く作り出すことができます。このおかげで、太平洋クロマグロは、成長の過程で太平洋を横断する大回遊を行えるのです。また、それにより周囲の海水よりも3～4℃高い体温を維持できます。魚としては非常に特殊なことですが、体温を保っているのです。これを恒温性と言います。さらにこの体温を維持するための動脈と静脈が熱交換器のように接しているような血管系も持っています。人間のように常に同じ体温を保つことはできませんが、水温の低い海で深くまで餌を探して潜水する時などに大変役に立つ性質です。

第4章 さまざまな養殖を知ろう

34 ブリの養殖

海水魚養殖の先駆けとなった出世魚

わが国において海水魚養殖が最初に行われたのは、1928年の香川県引田町安戸池（現在の東かがわ市引田）におけるブリ（ハマチ）の築堤式養殖でした。築堤式とは自然の湾を堤防で仕切った池に魚を放し飼いにする方法ですが、堤防を築く費用が高いことや魚を回収する効率が悪いこと、養殖に適した形の湾が少ないことなどの問題で普及しませんでした。その後、堤防の代わりに網を使う網仕切式養殖も試みられましたが、普及しませんでした。そして1954年に、近大水研が小割式網生簀養殖法の開発を開始し、その2年後にはブリの長期飼育に成功しました。この方法はとても効率的であったため西日本各地に急速に普及し、1958年には農林水産統計に養殖ハマチの生産量が登場しました。小割式網生簀養殖は現在では世界中で行われていますが、その起源はわが国のブリ養殖であるといえます。また、ブリは現在でもわが国で最も多く養殖されている魚種です。

一部で人工種苗による養殖が始まっていますが、現在でもブリの養殖には天然種苗が用いられています。ブリの稚魚は、海面を漂うホンダワラなどの海藻（流れ藻）に群れで寄り添い、流れ藻とともに潮流に乗って移動することからモジャコと呼ばれます。九州や四国などで4月頃から旋網で流れ藻ごとまき捕る漁法でモジャコが漁獲されて養殖されます。ブリの主な養殖生産地は、鹿児島、大分、愛媛、宮崎、高知と温暖な地域で、通常はモジャコを購入した翌年の秋以降、体重5kg以上にまで育てて出荷されます。冬季の水温が低くブリが越冬できない香川や徳島では、愛媛や鹿児島で前年から養殖されていた1歳魚を3～4月に購入し、その年の11～12月まで養殖して出荷する短期間の養殖が行われています。ブリは脂がのり始める11月～翌年5月頃まで集中して出荷される季節商材です。

要点BOX
- ●本格的な海水魚養殖が行われた最初の魚種
- ●現在まで60年間に亘り養殖生産量が最も多い
- ●旬は秋から春だが、夏出荷のものもある

安戸池における築堤式養殖

モジャコ漁の様子

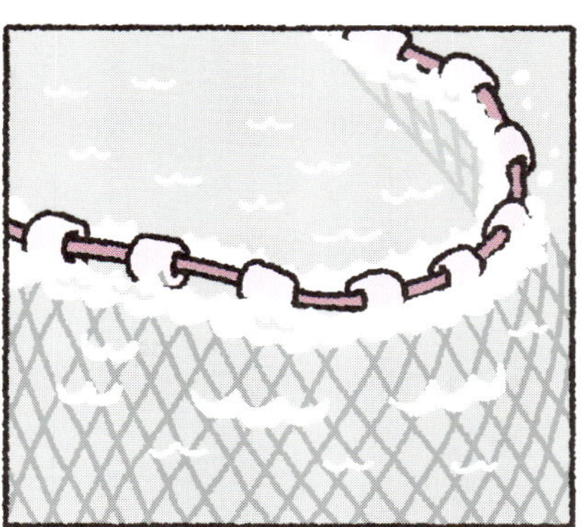

ブリの養殖を行っている生簀

35 マダイの養殖

選抜育種により養殖期間が半分に！

天然種苗を用いた本格的なマダイの養殖は1960年代後半に始まり、1970年には農林水産統計に養殖マダイの生産量（460トン）が記載されました。しかし、天然種苗を用いると体重が商品サイズの1kgに達するまでに3年以上を要したため、生産量は大きくは増加しませんでした。一方で1960年代前半に養殖魚からの採卵に成功した近大水研は、直ちにマダイの選抜育種を開始します。成長が速く、姿・形の美しい魚を選抜して親とする集団選抜という方法です。1973年からは養殖業者向けに人工種苗の出荷を始めましたが、天然種苗が中心であった当時は奇形が多いなどの理由で普及しませんでした。しかし1980年代に入ると選抜育種の効果が現れ始めます。体重が1kgに達するまでの期間が約1年も短縮され、さらに奇形魚の割合も低下したことから、人工種苗が徐々に普及していきました。同時に、養殖生産量も大きく増加して1990年には5万トンを越えるようになりました。現在でも5万～6万トン台の生産で推移しており、これはブリに次いで2番目に多い生産量です。

マダイの選抜育種は現在まで続けられており、成長速度はさらに改善されて1kgになるまでの期間は1年半と天然種苗の約半分になっています。従って、現在では天然種苗は用いられていません。マダイの産卵期は水温および日照時間の調節によりコントロール可能で、現在の養殖用人工種苗は、5月上旬～7月上旬にかけて出荷される「春仔マダイ」、10月中旬～12月中旬に出荷される「越夏マダイ」、12月中旬～翌年5月に出荷される「秋仔マダイ」の3つのロットがあります。マダイはブリとは異なり周年出荷されるので、養殖業者は異なるロットの種苗を購入することで、一年中同じようなサイズの魚を出荷することができるようになっています。

要点BOX
- ●人工種苗が最初に普及した海水養殖魚
- ●ブリに次いで2番目に多い養殖生産量
- ●人工種苗が年3回供給され、年中出荷が可能に

親魚からの採卵・人工孵化

産卵水槽

曝気槽

濾過槽

集卵ネット

孵化水槽

仔稚魚飼育水槽

親魚用循環濾過水槽

- 濾過海水（砂利などによる生物濾過）を使用
- 産卵適温18～20℃、自然界では春に産卵
- 産卵時期を調節するために水温および日照時間を制御
- マダイの卵は分離浮性卵

仔稚魚の飼育

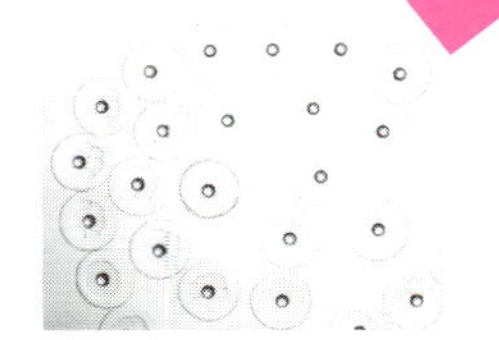

マダイの卵
（直径約0.8mm）

孵化直後の仔魚
（全長約2.5mm）

孵化後20日目の仔魚
（全長約7mm）

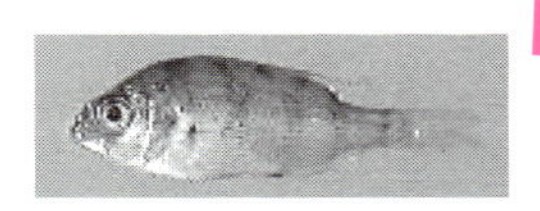

孵化後50日目の稚魚
（全長約3cm）

36 トラフグの養殖

種苗の安定生産により養殖拡大

トラフグの養殖は、天然魚を漁獲し、生簀で飼育するという形で、1933年に山口県水産試験場で最初の蓄養試験が開始されました。1950年代後半には瀬戸内海の広い範囲で天然魚の蓄養が行われていましたが、入手が困難なことや蓄養中の疾病による被害の増加などにより、少しずつ衰退していきました。一方、人工種苗の研究は1960年に長崎県水産試験場の藤田矢郎（しろう）らにより開始され、1973年頃からは人工種苗を用いた養殖も始まりました。人工種苗の研究当初は、トラフグの採卵に用いる親魚は産卵場近くで水揚げされた天然魚に依存していました。ところが、成熟した天然魚の漁獲量が年々減少し価格も高騰したことから、1997年頃には「人工種苗由来の養成親魚を用いたホルモン処理による採卵技術」が開発されました。現在では産卵期を早める早期採卵も可能となり、養殖用種苗の安定生産が実現しています。

トラフグの種苗は各地の養殖場へ5～10㎝サイズで導入されますが、その頃にはトラフグ特有の噛み合いが激しさを増してきます。生簀に収容後、互いに噛み合うことで、外傷から病原菌が侵入して各種疾病を発症し、時には大量死が起こります。そこで、養殖段階での歩留まりの向上を目的として、1980年に近大水研の村田修らにより「歯の切除による養殖法」が開発されました。これは、養殖トラフグの歯を1尾ずつニッパーで丁寧に切る方法です。現在では、種苗導入から出荷（1kg程度）までの約1年半の間に3～5回の「歯切り」が行われており、養殖段階での噛み合いによる問題が解消されています。

近年では、商品価値の高い白子（精巣）を持つ雄だけを生産する全雄種苗や高成長・高生残を示す優良な種苗の生産技術が開発されており、養殖経営の安定化が期待されます。

要点BOX

- ●採卵用の親魚は天然魚から養成魚へ
- ●歯の切除で噛み合いが減少し、歩留まりが向上
- ●雄だけを生産する養殖技術も開発されている

トラフグ養成親魚からの採卵（人工授精）

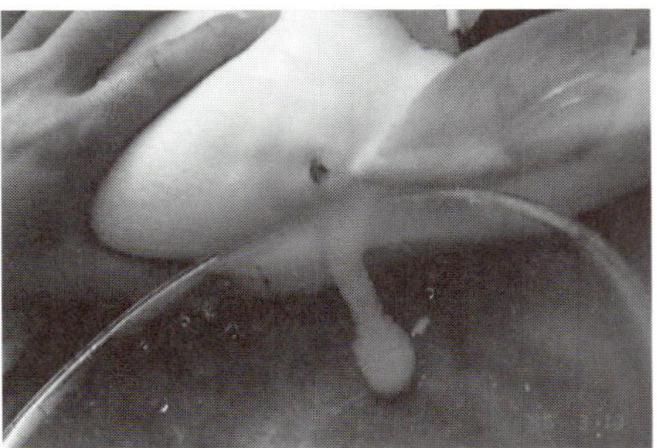

養殖トラフグの噛み合い防止対策（歯の切除）

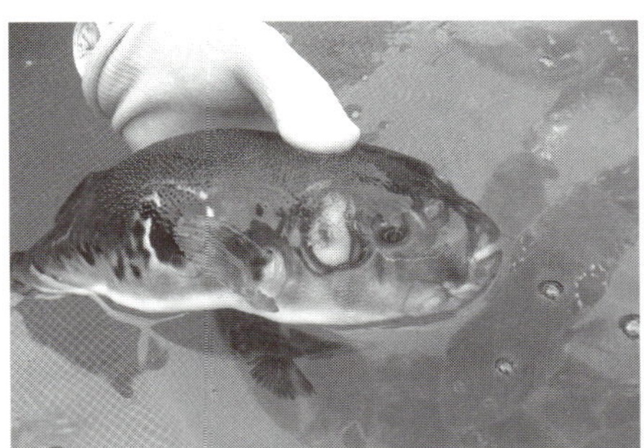

1.噛み合いによる鰭・体表の損傷

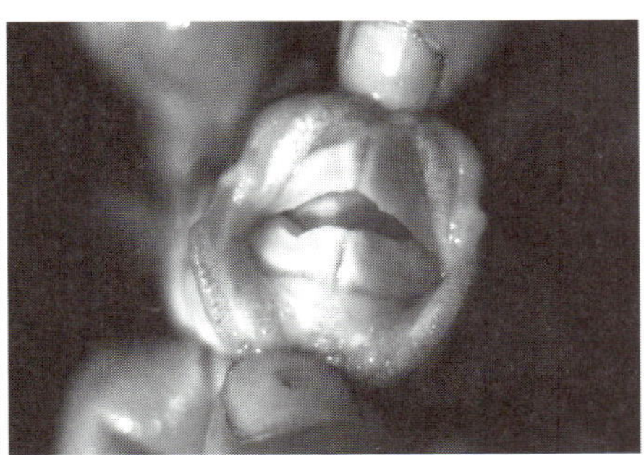

2.中央で分かれた上下4枚の鋭い歯

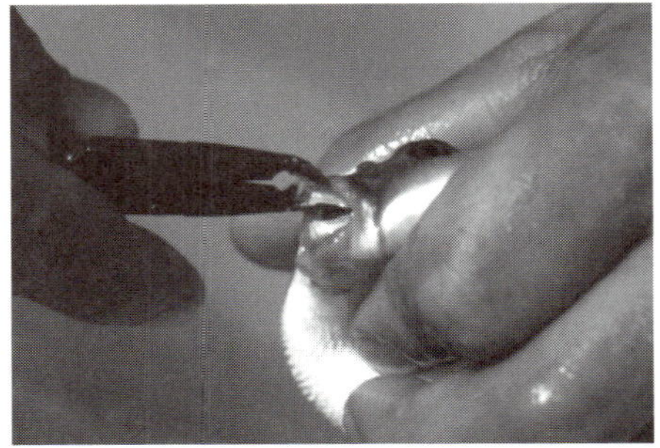

3.ニッパーによる歯の切除

4.切断された歯

37 ウナギの養殖

日本の食文化「蒲焼」を支える養殖ウナギ

ウナギの仲間は世界中に19種類いますが、日本人が主に食べているのはニホンウナギという種類です。ニホンウナギは日本列島のほか、韓国、中国、台湾にも分布しています。これらの分布域の沿岸や河口には、毎年晩秋から春にかけて全長5～6㎝の透明なシラスウナギと呼ばれる稚魚が来遊し、河川や湖、沿岸などで5～10年ほど過ごして親ウナギになります。親ウナギがどこで産卵しているのかは最近までよく分かっていませんでしたが、2009年にマリアナ海溝周辺の海面下200m付近で受精卵が採集され、日本から2000㎞も離れた場所で産卵していることが突き止められました。孵化した赤ちゃんウナギは透明な柳の葉のような姿のレプトセファルス幼生となって海流に乗り西へ、そして北へと運ばれながら半年ほどでシラスウナギに変態し、東アジアの沿岸にたどり着くのです。

2016年に日本で消費されたウナギは約5万トンで、そのうち国内の養殖生産量が2万トン弱、中国や台湾から輸入された養殖ウナギが3万トンあまりとなり、天然ウナギの漁獲量はわずか70トンほどに過ぎません。私たちが食べているウナギの99%以上は養殖ウナギなのです。

ウナギの養殖は、天然のシラスウナギを捕獲して水温を30℃近くまで高めた養殖池で行います。配合飼料に魚油や水を加えて練り合わせた餌を食べさせ、半年から1年あまりで蒲焼にできるサイズまで育てます。しかし、養殖に必要な天然の稚魚は絶滅が心配されるほど減少しており、資源管理に向けた対策が進められています。その対策の一つとして、わが国では人工孵化した赤ちゃんウナギを親ウナギに育てて卵を産ませ、さらに次世代の稚魚を生産する完全養殖を目指し、2010年に世界で初めて成功しました。今後、低コストで大量生産する技術を開発して実用化することが期待されます。

要点BOX

- ●ニホンウナギは西マリアナ海嶺周辺で生まれる
- ●日本人が食べるウナギの99%以上が養殖モノ
- ●完全養殖に向けた開発も進んでいる

ニホンウナギの生態

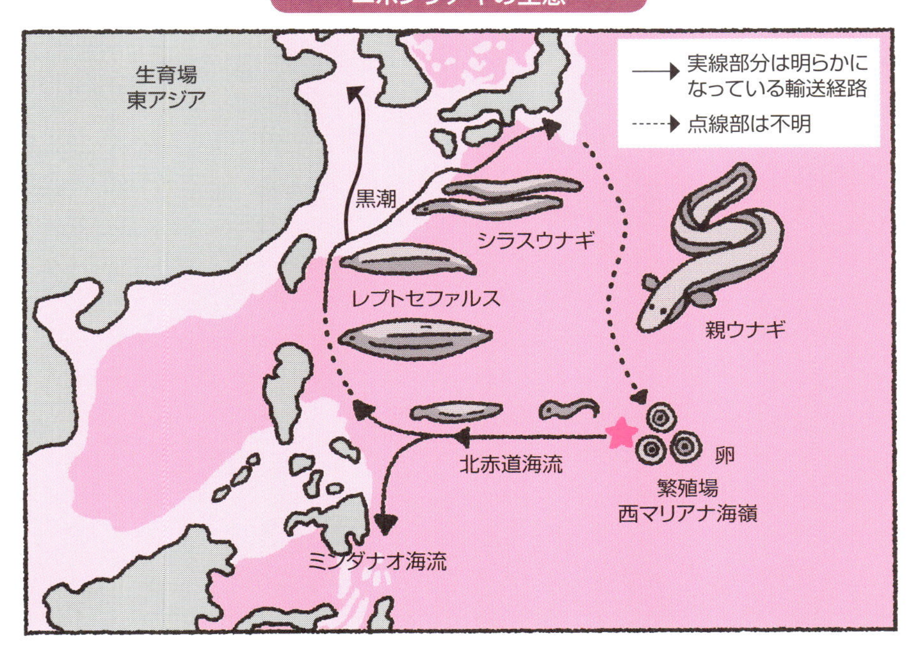

餌に群がる養殖ウナギ

用語解説

変態：オタマジャクシがカエルになるように、レプトセファルスからシラスウナギへと短期間で大きく姿を変えること。

38 サケ・マスの養殖

川と海の両方で発展した養殖の古株

回転ずしで脂がほどよく乗ったサーモンを食べる機会が増えているのではないでしょうか。サーモンは日本語でサケと訳されますが、新巻鮭やイクラを作るサケとは別の種類で、天然ではなく主にノルウェーの沿岸で養殖されたタイセイヨウサケという種類です。また、スーパーでトラウトサーモンと表示された切り身を見ることもあります。これは主にチリの沿岸で養殖されたニジマスです。ニジマスは川に棲む魚のイメージですが、サケのように海で生活するものもいます。

国内でもニジマスをはじめとするサケ・マスの仲間を、海面や海水を引き込んだ陸上の大型水槽で養殖する動きが活発になっています。古くは1960年代に広島県と静岡県でニジマスを海面で養殖する試験が行われ、その後1971年に、宮城県で民間企業が海面で大型のニジマスを生産することに成功しました。最近では青森県の海峡サーモンや香川県の讃岐サーモンなどが海で養殖されたニジマスの代表です。ニジマスは北アメリカ原産の魚で、日本には1877年に受精卵がカリフォルニア州から船で運ばれ国内でニジマスの養殖が行われるようになり、卵を採って稚魚を孵化させる技術が確立したことで普及しました。国内に元々棲んでいたヤマメ・アマゴやイワナの仲間といったマスの養殖技術は、ニジマスの養殖が基礎になっています。

サケ・マスの養殖には20℃以下の清らかな水が大量に必要です。2歳以上になると卵を持つので、人の手で卵を搾り取って授精させます。卵は水温10℃程度の場合1か月で孵化します。孵化後1年以内に20㎝程度になりますが、海面で養殖するものは1歳になった年の秋に海面生簀に移します。水温18℃を超える前に出荷されますが、海水温が低い地域では一年中養殖できます。サケ・マスは、海で養殖すると成長が早くなる特徴があります。

要点BOX

- ●サーモンとサケ、トラウトサーモンは別の種類
- ●海外では寒い地域で海面養殖が盛ん
- ●川で20℃以下、海で18℃以下の水温で養殖

サーモンと似た魚

サーモン

サケ

トラウトサーモン

サケ・マス類の養殖サイクル

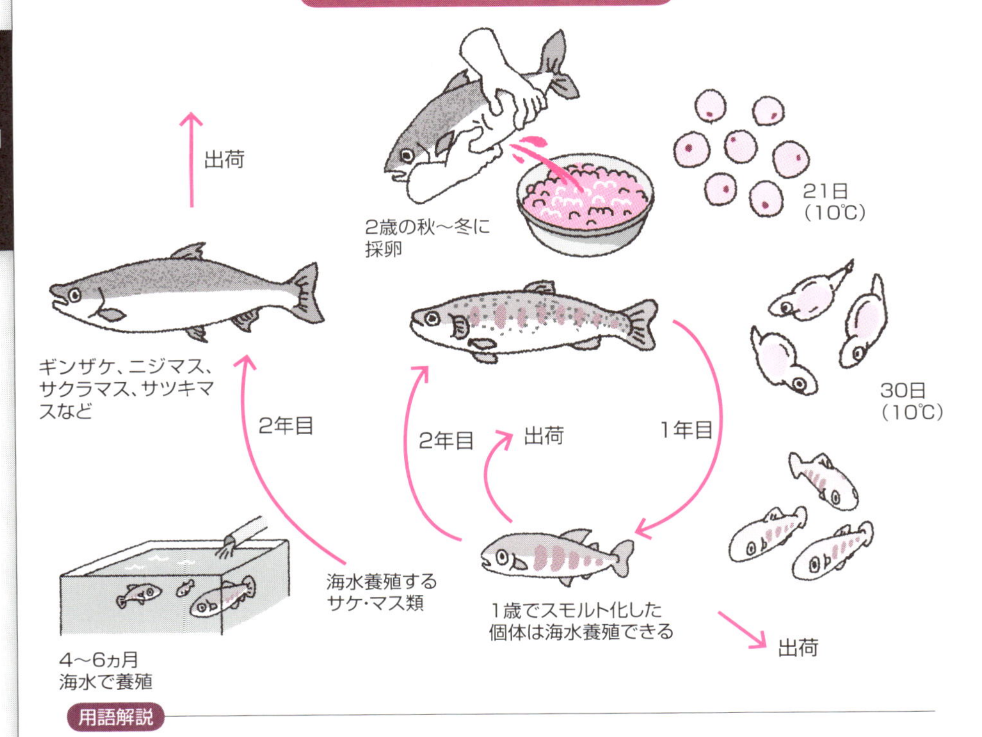

用語解説

スモルト化：体色が銀色になり海水に適応した体に変化すること

39 エビ類の養殖

世界中で愛され、生産されているエビ類

エビは刺身、天ぷら、フライ、エビチリと、日本人にとっては欠くことのできない食材です。日本に輸入されているエビは年間およそ30万トンですが、国内での養殖生産量はその10%以下と、自給率は極めて低い数字となっています。

日本人が好きなエビと言えば、まず思い浮かべるのはクルマエビ、そしてイセエビでしょうか。クルマエビの養殖技術は昭和初期～中期の研究者である藤永元作が、その生態解明から種苗生産までの基礎を築き、1960年代からは商業規模での養殖が行われるようになりました。彼の元でエビの養殖方法を学んだ台湾の留学生、廖一久は母国に戻り、クルマエビの仲間で最も大型のウシエビ（ブラックタイガー）の飼育と産卵誘発法の開発に成功し、それが東南アジアの多くの国々に広まりました。

クルマエビに比べ安価で大きいブラックタイガーは我が国でも大人気となり、1980年代には台湾を始めタイやインドネシアからの輸入がピークを迎えました。その後、ウイルス病が蔓延して台湾での生産量が激減し、現在は主に東南アジアから輸入されています。輸入エビの主役であったブラックタイガーに替わり、現在最も多く生産されているのがバナメイエビです。ウイルス病に対する抵抗力が強く、砂に潜らずに遊泳する性質があるため、養殖池を効率的に利用できるなどの利点を備えています。

イセエビはザリガニのように底面を歩行します。このように大型で歩行するエビはロブスターと総称されます。イセエビの飼育に関する研究も日本で長く行われました。しかし、食用サイズになるまでに長い年月がかかり、特に飼育がきわめて困難なフィロソーマ幼生期が300日も続くため養殖事業ベースには乗らず、現在でも天然のエビが食用になっています。海外では天然稚エビを用いた粗放的な養殖が行われ、年間約1600トンの生産があります。

要点BOX

- ●エビの養殖技術は日本で開発され海外に拡大
- ●日本において、エビの自給率は極めて低い
- ●イセエビは成長が遅いため、養殖には適さない

日本の水産物輸入品

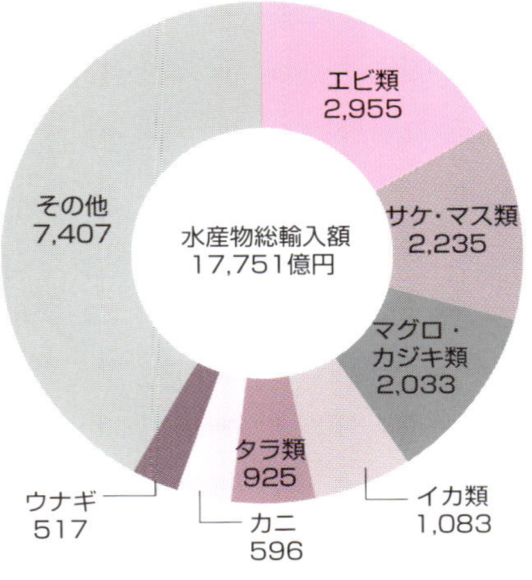

注：それぞれの調製品を含む。

国別のエビ輸入金額

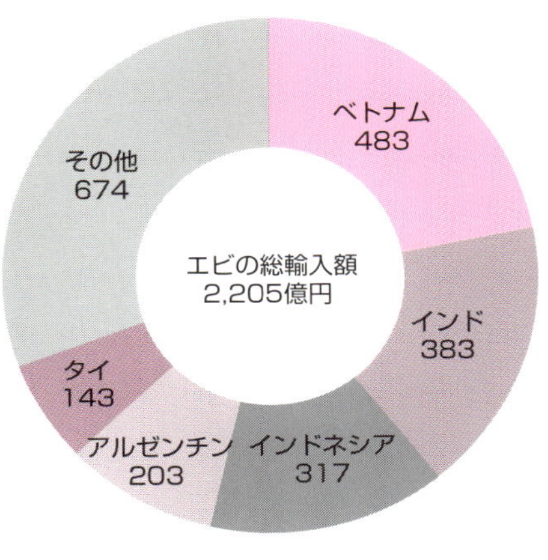

注：このほかエビ調製品（750億円）が輸入されている。

出典：平成29年度水産白書（水産庁）

イセエビのフィロソーマ幼生

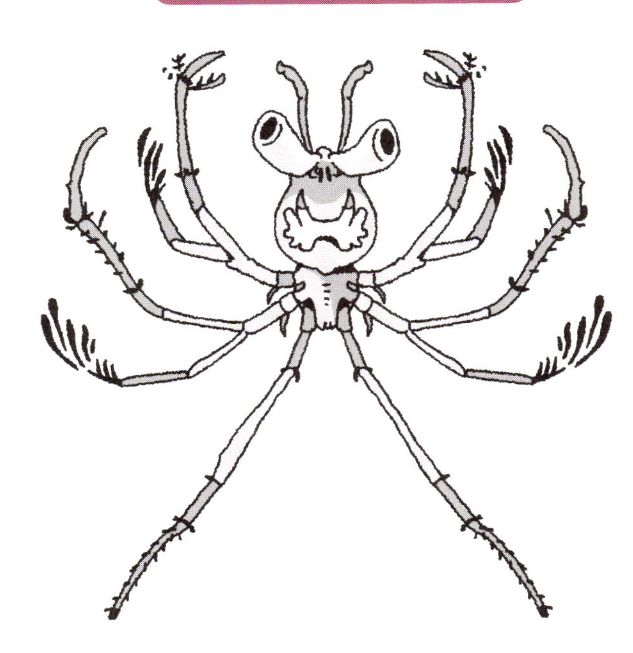

40 貝類養殖（ホタテガイ・マガキ）の

貝類養殖生産量の99・9％を占める

２０１６年の貝類養殖生産量は37万３９４５トンで、そのうちホタテガイが21万４５７１トン、カキ類が15万８９２５トンとこの２種が99・９％を占めています。ホタテガイの養殖は１９５０年代の後半から本格化しました。ホタテガイは、高水温に弱い一方、低水温には強くて、氷点下にも耐えることができるため、養殖生産地は、多い順に青森、北海道、秋田、岩手と北日本に集中しています。養殖には天然採苗した稚貝が用いられます。北海道噴火湾では、６月頃に古くなった漁網（棒網）で作った採苗器を投入して２ヶ月間ほど稚貝を付着させます。採苗器を引き揚げて稚貝を採取し、ザブトンカゴに入れ、翌年の３～５月まで中間育成します。その後、殻長が４～５㎝に育ったものを垂下式養成法などによって12～３月まで本養殖し、殻長が10㎝以上になると出荷されます。また、中間育成した貝を海底に蒔いて大きくなってから収穫する地まき法も行われています。ホタテガイは給餌の必要がない無給餌養殖です。

マガキの養殖生産量は１９５０年以降、急速に増加しました。イワガキも養殖されていますがほとんどがマガキです。北海道から九州まで広く分布しており、主な養殖生産地は多い順に広島、宮城、岡山です。マガキの養殖用種苗も大半が天然採苗した稚貝です。広島では、７～９月にホタテガイの貝殻を積み重ねて作った採苗器を海中に入れてマガキの幼生を付着させます。採苗したマガキの幼生は潮が引くと干上がる潮間帯におかれ、これを「抑制」と呼びます。抑制によって環境への抵抗力が強くなり丈夫なマガキになります。翌年５～６月に抑制から本養殖に移り、いかだ式垂下法などによって殻長９㎝以上まで育てて出荷されます。一方、宮城県では延縄式垂下法が主力となっています。マガキも給餌の必要のない無給餌養殖です。

要点BOX
- ●ホタテガイは北日本、マガキは全国に分布する
- ●給餌の必要のない無給餌養殖で行う
- ●どちらも天然採苗した稚貝を使う養殖が主流

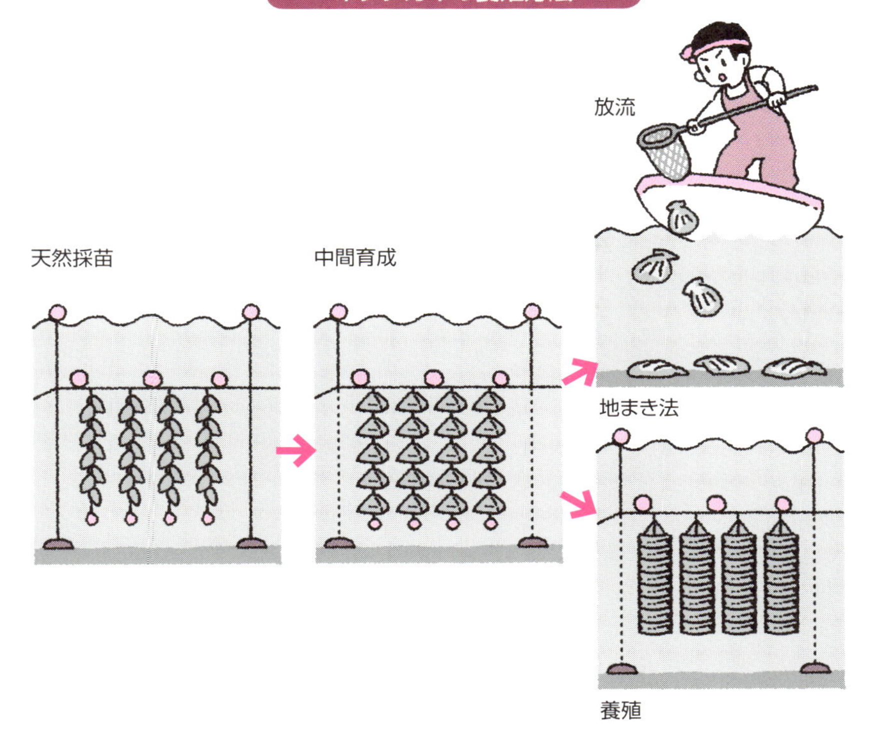
ホタテガイの養殖方法
放流
天然採苗
中間育成
地まき法
養殖

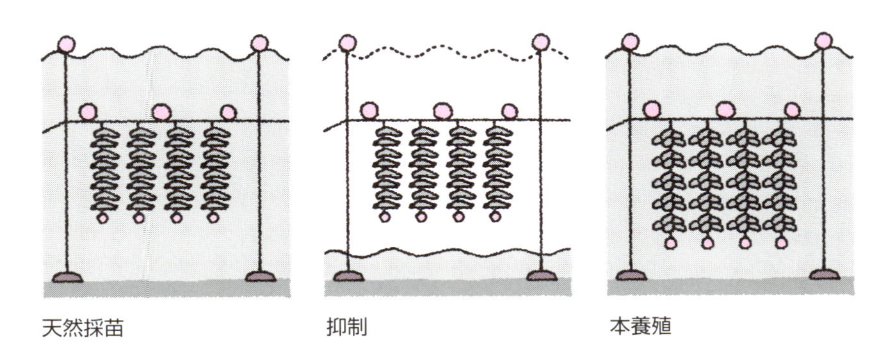
マガキの養殖方法
天然採苗
抑制
本養殖

41 藻類(ノリ・ワカメなど)の養殖

主な海藻の養殖種と生産方法

海藻は主に紅藻類、褐藻類、緑藻類の3つのグループに分けられ、古くから日本人に利用されてきました。

紅藻類には、スサビノリ、アサクサノリ、オゴノリ、テングサなどがあり、ノリの養殖ではスサビノリが代表種とされています。ノリ養殖は300年以上前に始まり、戦後に人工種苗の生産法が開発されました。現在は100%人工種苗が使われています。

種苗生産には、春に成長の良いノリを選び果胞子と呼ばれる種から育てた糸状体が使われます。最近は、人工的に無機質培地で育てたフリー糸状体が使われ、貝殻に付けます。糸状体は、春から夏に貝殻の中で成長し、秋近くには殻胞子になります。これを海面または陸上水槽でノリ網に付けることで種網ができ、人工採苗が完了します。ノリの養殖には、種網を育苗した後、浅海に設けた支柱に網を張る支柱式養殖と、沖合で浮きとオモリを使って網を張る浮流し式養殖があります。また、種網の一部はビニール袋に入れて冷凍保存し、数か月後に冷凍網として使用します。秋には摘採と呼ばれる収穫を数回行い、その後は冷凍網に切り変えて、春まで複数回の摘採を行います。

褐藻類では、コンブ、ワカメ、ヒジキ、モズクなどが養殖されています。コンブやワカメは、種となる遊走子を細い紐に付けて種糸とします。ワカメは陸上水槽や海で数cmまで育てた後に種糸を太いロープなどに付け、主に延縄式で養殖します。国産ワカメのほとんどが養殖で生産されており、秋から春まで海で栽培して、冬から春に収穫します。

緑藻類ではスジアオノリ、ヒトエグサ、クビレズタ(商品名：海ブドウなど)、フサイワズタ(商品名：海ゴーヤなど)などが養殖されています。これらは海面の養殖や、栄養塩が豊富な海洋深層水などを使った陸上養殖が行われています。

要点BOX
- ●ノリは支柱式養殖や浮流し式養殖が使われる
- ●ワカメは種糸を育てた後、延縄式養殖を行う
- ●緑藻類は海面養殖や陸上養殖で育てられる

海藻の代表的な養殖方法

支柱式養殖

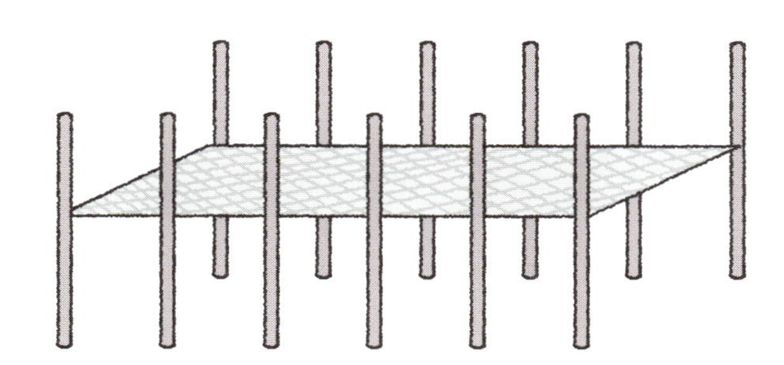

浮流し式養殖

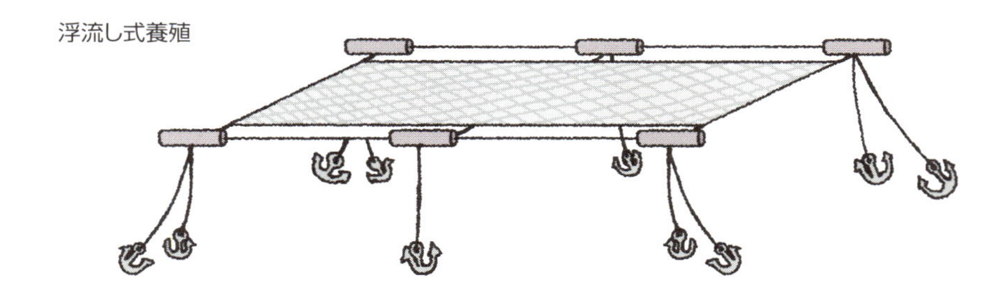

フサイワズタ

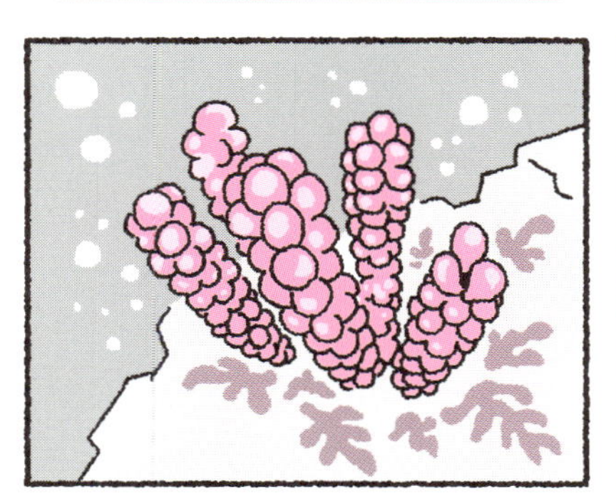

スジアオノリ

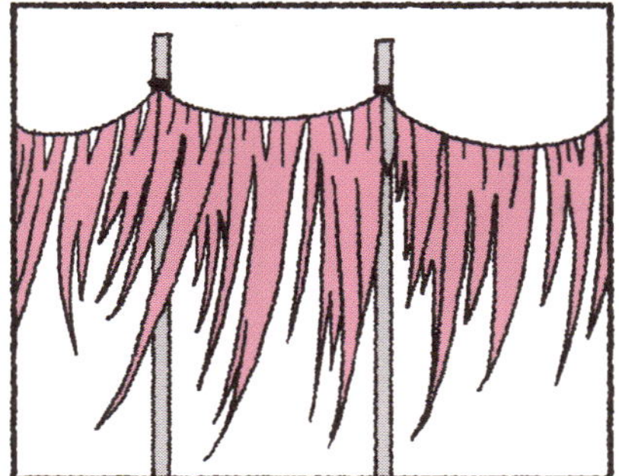

42 陸上でも魚を養殖

次世代の養殖生産法として期待

陸上養殖の利点は環境を制御して成長や歩留まりを高められることです。魚介類は変温動物なので、海面生簀では冬の低水温で成長が停滞しますが、陸上養殖では水温が制御でき、より短期間での出荷が可能です。また、海から離れた海水魚の施設や淡水魚に地下水を使うことなどで病原体の侵入を少なくし、感染症を減らすことも可能です。さらに、海水魚の多くは体液と海水の浸透圧差の調節に多くのエネルギーを使いますが、体浸透圧より高い濃度で海水の塩分を下げるとエネルギーが節約され、成長や歩留まりが高まる事があります。

陸上養殖には、飼育水をかけ流しにする「流水式」、一部を交換する「半循環式」、ほとんどを浄化して再生する「閉鎖循環式」などがあります。流水式はトラフグ、ヒラメ、アワビ、海藻、アユなどで、半循環式はウナギなどで実施されています。循環式の残餌やフンは物理濾過で取り除き、水に溶けたタンパク質などの一部は泡沫分離装置で細かな気泡とともに除去できます。循環式では魚介類から排せつされる有毒なアンモニア態窒素を、生物濾過槽の細菌で毒性の低い硝酸態窒素に変えます。硝酸態窒素は脱窒装置などで除去できます。しかし、陸上養殖は初期の導入費が高く、水温制御にコストがかかります。循環式では浄化装置に加え、人工海水、pH調整剤などの維持費も高額です。

温泉水には塩分が高い塩化物泉があり、塩類の添加や希釈などで元素組成を適切に調整できるなら維持費も軽減され、陸上養殖には好都合です。また、閉鎖循環式は生物濾過槽を備えるため、病原体が侵入しても薬剤投与が制限されて治療が困難ですが、病気やコストの問題を解決できれば、次世代の養殖法として発展が期待できます。

要点BOX
- ●環境を制御して成長、歩留まりを高める
- ●「流水式」「半循環式」「閉鎖循環式」などがある
- ●閉鎖循環式は高コストと病気への対策が課題

流水式陸上養殖

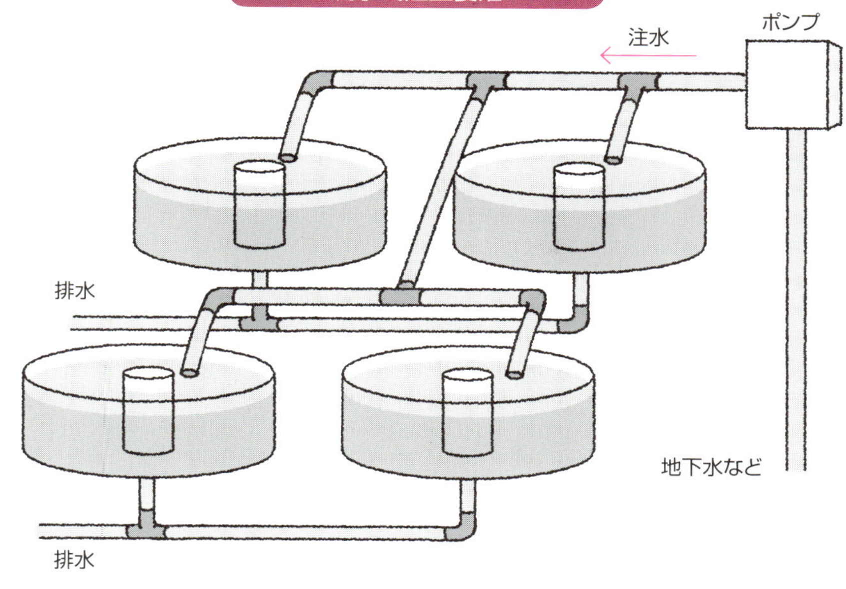

循環式陸上養殖

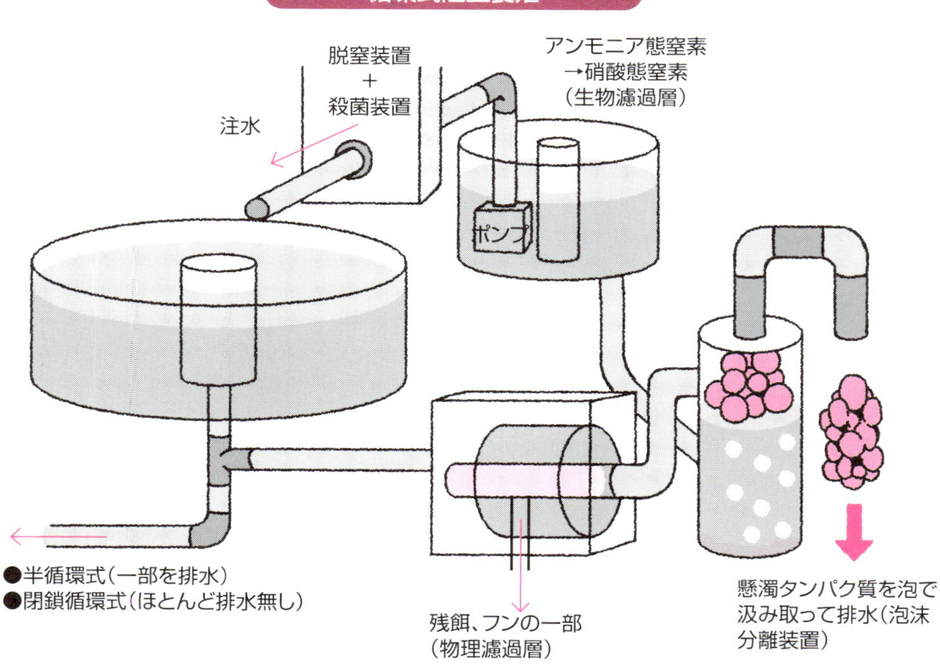

43 非食用の養殖

おいしく食べるだけではない養殖の可能性

日本の養殖生産物の中で長年にわたり海外に大量に輸出され続けている養殖物があるのですが、何だか分かるでしょうか?

それは真珠です。真珠は、淡水貝の貝殻を加工してできる玉（核と呼ばれる）の表面に、アコヤガイが分泌する真珠層がコーティングされてできたものです。作り方は、玉の上にアコヤガイの外套膜の一部を切り取った細胞片（ピース）をのせ、それを母貝となる、より大きなアコヤガイの貝殻を少し開いて生殖巣に挿入します。この作業は「核入れ」と呼ばれ、手先の器用な日本人が得意とする分野です。挿入された細胞片は母貝の中で増殖して玉の回りを取り囲み、きれいな真珠層を分泌し、およそ1年半後に真珠が完成します。このように真珠は養殖されている母貝の中で、長い日数をかけて生産されます。真珠層の色や厚さ、光沢の度合いなどは真珠ごとに異なり、それを熟練した人間の眼によって見極め、品質のランク分けや用途が決められていきます。

直径10㎝ほどのアコヤガイを用いて発展してきた日本の真珠養殖ですが、種の違いによるピースや母貝の特性を生かし、20㎝以上になるシロチョウガイを用いて作られる白蝶真珠、クロチョウガイで作られる黒真珠、淡水貝のヒレイケチョウガイを用いた湖水真珠など、多くのライバルが出現しています。

非食用の養殖産物として、現在注目を集めているのがバイオエタノールです。島国である日本には国土の12倍にもおよぶ排他的経済水域がありますが、そのほとんどは未利用の状態になっています。その広大な海域で、コンブ類やホンダワラ類などの大型海藻を養殖し、それを原料として自動車燃料などに利用するアルコールを高効率で生産・抽出しようという技術開発が進められています。

要点BOX

- 真珠は、アコヤガイが淡水貝の貝殻に真珠層を分泌してできる
- 燃料用の海草類を養殖する開発も進んでいる

水産物輸出金額

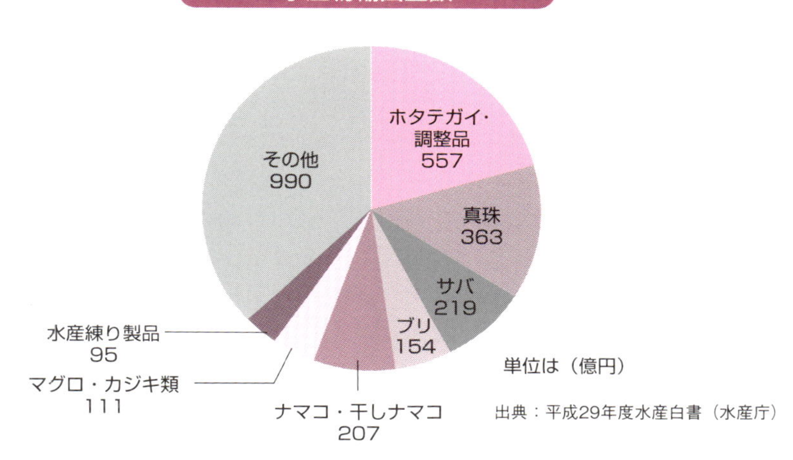
ホタテガイ・調整品 557
真珠 363
サバ 219
ブリ 154
ナマコ・干しナマコ 207
マグロ・カジキ類 111
水産練り製品 95
その他 990
単位は（億円）
出典：平成29年度水産白書（水産庁）

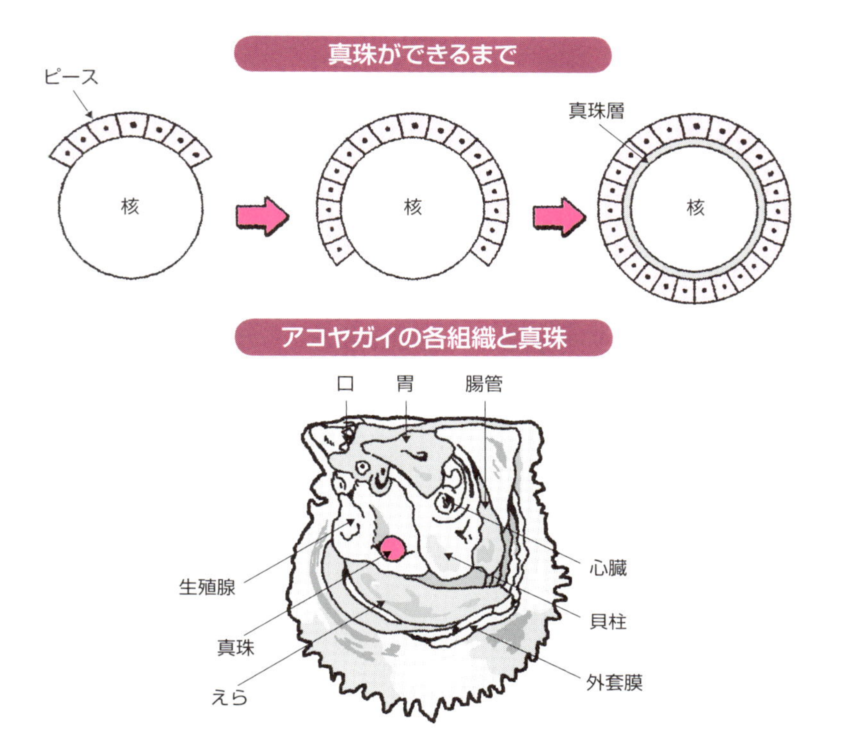
真珠ができるまで
ピース
核
核
真珠層
核
アコヤガイの各組織と真珠
口
胃
腸管
心臓
生殖腺
貝柱
真珠
外套膜
えら

Column

種苗の由来と現在の養殖魚種

養殖に使われる稚魚には天然種苗と人工種苗があり、現在も両者が使われています。天然種苗は自然界で育った仔稚魚で、様々な魚介藻類の養殖に利用されています。例えば、ホタテガイの天然採苗では自然界の産卵期に、目合いの異なるプラスチック製ネットなどを二重にした採苗器を海に垂下して幼生が付着するのを待ちます。採苗器の外網は外敵からホタテガイを守り、内網の稚貝が離脱せずに網を通過するプランクトンを摂餌して育つため、安価で大量生産が可能です。一方魚類ではクロマグロ、ニホンウナギ、ブリなどの種苗生産が難しい魚種で多くの天然種苗が利用されています。しかし最近は天然種苗の減少が続き、人工種苗の要望が高まるばかりです。国内養殖魚の種苗生産数を種別にみるとマダイが圧倒的に多く、トラフグ、ヒラメ、シマアジなどがそれに続きます。

養殖の他に、種苗を放流し漁場環境を整えて計画的に漁獲することで、有用種の持続的漁業生産を行う栽培漁業にも多くの種苗が生産されています。種苗生産数を種別にみると、ホタテガイが上述の画期的な方法で大量生産できるために突出して多く、クルマエビ、マナマコ、ウニ類などがこれに続きます。魚類ではヒラメやマダイが上位を占め、各地の栽培漁業センター、漁協などで作られ放流されています。

種苗から成魚への養殖は、海面魚類ではブリ類、マダイ、ギンザケ、クロマグロ、内水面魚類ではウナギ、マス類、アユ、貝類ではカキ類、ホタテガイ、甲殻類ではクルマエビ、藻類ではノリ類、ワカメ、コンブが、それぞれの生産量上位を占めます。漁業生産額に対する養殖生産額の比率は年々増加傾向にあり、ウナギやワカメのように養殖によるものが100％近い種もあります。

魚類、甲殻類は給餌養殖が基本です。海面魚類の養殖は、近畿大学で1955年に開発された小割式網生簀養殖が主流になっており、内水面養殖では主に養殖池、クルマエビでは築堤式や陸上水槽などが使われます。一方、貝類や藻類は自然に繁殖するプランクトンや無機塩を使う無給餌養殖で、貝類はロープを海中に垂らす垂下式が主流になっており、藻類では延縄や網を使う養殖が一般的です。最近では、海から離れた陸上水槽でも様々な対象種の養殖方法が研究開発されています。

第 5 章

餌や飼料の大切な役割を知ろう

44 餌の種類と役割

成長度合や魚種によって餌は異なる

魚が生きるため、成長するための栄養素をさまざまな餌として与えています。餌の種類は大きく分けて、ワムシなどの「生物餌料」、イワシ、サバ、イカなどの「生餌」、生餌と配合飼料を混合し成型した「モイストペレット」および「配合飼料」があり、魚種、成長ステージによって餌の大きさや形を使い分けています。

魚の成長ステージは、卵から孵化したステージを仔魚、鰭が出そろうと稚魚、親と同じ形になると若魚、成熟すると成魚と呼びます。海水魚の仔魚には最初にワムシやアルテミア幼生などの生物餌料（12項、15項参照）、稚魚には生餌や微粒子の配合飼料、若魚や成魚には生餌や配合飼料を与えます。

魚に必要な栄養素はヒトと同じくタンパク質、脂質、糖質、ビタミンおよびミネラルの5種類ですが、魚種や成長段階によって必要な栄養素の要求量が異なります。仔魚には、不足する脂質やビタミンなどの栄養素を生物餌料に付加して与えます。栄養バランスを考慮すると配合割合を自在に調整できる配合飼料が餌として望ましいのですが、多くの海水魚では、孵化して餌を食べるようになっても配合飼料を消化できないため、主に生物餌料が与えられます。稚魚から成魚は配合飼料を消化することができるのですが、養殖生産者の中には生餌を使用しているところもあります。その理由は、配合飼料より安価で、生餌の方がよく成長する、生産計画により決められた期間中に早く希望の大きさにするためなどが挙げられます。

また、餌には生残や成長だけでなく、魚種の特徴を引き出す役割もあります。例えば、クロマグロでは脂をより乗せるため出荷直前に脂質の多いサバやイワシなどの生餌が与えられています。マダイでは、体色を美しい赤色にするため、飼料に色素を混ぜています。

要点BOX

- タンパク質、脂質、糖質、ビタミン、ミネラルの5種類の栄養素をバランスよく与えることが必要
- 餌によって魚の特徴を引き出すこともできる

餌の種類

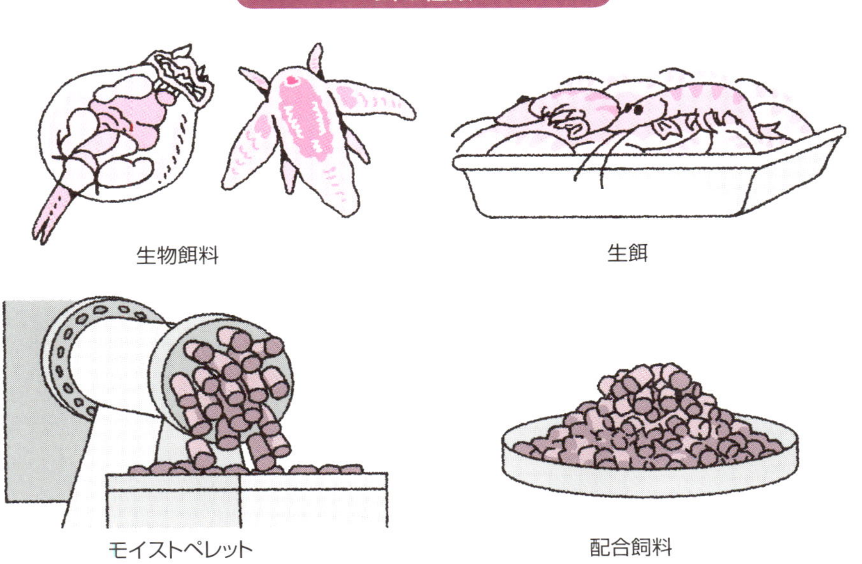

孵化直後の魚に与える飼料

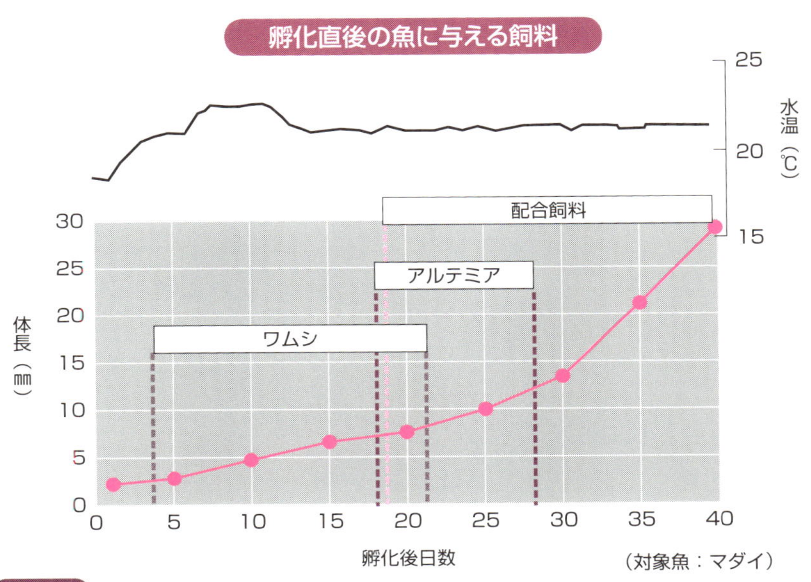

用語解説

餌料：ワムシなどの生きたエサや冷凍魚のような生のエサ
飼料：養殖においては、人工的に魚粉や油などを調合したエサ

45 配合飼料の研究と課題

魚種ごとに最適な餌を作る

日本では1960年代から淡水魚を中心に栄養要求や配合飼料について研究が進み、1970年代にはコイ、ウナギ、アユ、ニジマスなどの餌が生餌から配合飼料へ切り替わりました。一方、海水魚では1970年代から研究が始まり、1980年代後半にはマダイやブリの配合飼料が開発され実用化されました。2000年以降にはヒラメ、トラフグ、シマアジなどの配合飼料も開発されています。

魚の成長と健康を維持するためには、配合飼料中のタンパク質、脂質、炭水化物、ビタミン、ミネラルなどのバランスが重要です。飼料原料の中で最も高価なのはタンパク質源で、次いで脂質源です。タンパク質源としては、タンパク質含有量が多く、アミノ酸のバランスに優れている魚粉が主に利用されています。魚粉の原料はイワシなどの小型魚類で、乾燥後に粉砕して用いられます。また、脂質源としては魚粉と同じ原料から抽出した魚油が主に利用されます。海水養殖魚の多くは肉食性ですので、魚粉の配合割合は少なくとも55%は必要です。また、餌代は養殖コスト全体の50~60%を占めていますので、いかに食べ残し無く効率良く与えるかがポイントです。なお、魚類のタンパク質要求量(%飼料)はコイ、ナマズ、ティラピアで35~40%、サケ・マス類、ウナギ、ハタ類、ヘダイ、スズキ類で40~45%、ヒラメ、トラフグ、マダイ、ブリで45~50%、クロマグロでは最も高く50~60%となっています。

今後の課題としては、成長段階で異なる栄養要求をもつ魚種に関する研究があります。例えば、クロマグロの稚魚期後半や親魚の餌に関する研究は残されたままです。また、魚粉の原料となる小型魚類の資源量が大幅に減っています。そのため魚粉に代わるタンパク質源や食品加工残渣などを活用した低魚粉飼料の開発が急がれます。

要点BOX
- ●1970年以降、多くの魚用の配合飼料ができた
- ●栄養要求に合わせて配合割合を変える
- ●魚粉に代わる新しい材料も研究されている

魚類栄養学の研究史

時期	重要なトピック
1960年代	日本でコイ、ウナギ、アユ、ニジマスなど淡水魚の栄養要求に関する研究が開始される
1970年代	淡水魚の完全配合飼料化が達成される
1980年代	海水魚の栄養要求に関するデータが集積される マダイやブリの配合飼料が開発され、実用化にいたる
2000年代	ヒラメ、トラフグ、シマアジなどの配合飼料が開発される 海水魚の配合飼料が全国的に普及する
2007年	クロマグロ稚魚用の配合飼料が開発される

魚の健康を維持する餌

魚に必要な栄養素

タンパク質
脂質
炭水化物
ビタミン
ミネラル

栄養素のバランスが重要

配合飼料におけるタンパク質要求量	%
コイ、ナマズ、ティラピア	35〜40
サケ・マス類、ウナギ、ハタ類、ヘダイ、スズキ類	40〜45
ヒラメ、トラフグ、マダイ、ブリ	45〜50
クロマグロ	50〜60

46 配合飼料の評価

餌を評価するための指標がある

配合飼料の評価には、増肉係数（摂食量／体重増加量）と飼料効率（%：体重増加量×100／摂食量）が用いられます。増肉係数は単位あたりの体重増加に必要な飼料の摂食量を示し、数値が低いほど優れています。飼料効率は飼料の摂食量に対する体重増加量の割合で、数値が高いほど優れています。これらの値は成長ステージ、収容尾数、飼育水温、水質、溶存酸素量、塩分濃度などによって変化します。

配合飼料によって違いますが、マダイの増肉係数は体重4gで0・7前後、体重100gからは1・5を超えます。稚魚から出荷までの増肉係数は、マダイが2・1～2・3、ブリが2・8～3・0、シマアジが3・2～3・4です。なお、配合飼料のみで出荷まで育てたデータは少ないのですが、生餌を乾燥状態で計算すると、クロマグロの増肉係数は5・0～6・0になります。クロマグロは鰓蓋（えらぶた）を広く開閉できないので、呼吸するには泳ぎ続ける必要があります。このため運動エネルギーが余分に消費され、増肉係数が高くなると考えられています。一方、淡水魚の増肉係数は海水魚より低いことが知られており、ナマズは1・0、ティラピアは1・5前後です。また、飼料の原料によっても増肉係数は変化します。例えば、魚粉より消化しにくい大豆粕を用いると増肉係数は高くなります。

魚の増肉係数は、陸上動物に比べて優れています。すべての魚の増肉係数を平均すると1・6です。一方、ブロイラーは1・8、豚は3・5、牛は9・0と魚に比べて高い値となっています。魚は浮力のある水中で生活しているので、陸上動物に比べて重力に対抗するためのエネルギーは少なくてすむためです。また、魚は外温性動物ですので体温を維持するためのエネルギーは必要ありません。これらの理由が魚の優れた増肉係数を支えています。

要点BOX
- ●増肉係数は体重増加に必要な飼料の摂取量
- ●飼料効率は摂取量に対する体重増加の割合
- ●魚は他の動物より増肉係数が低い傾向にある

増肉係数とは

体重を1kg増やすために必要な餌の量を示している

$$増肉係数 = \frac{餌の摂取量}{体重増加量}$$

種類	増肉係数
魚類	1.6
ブロイラー	1.8
豚	3.5
牛	9.0

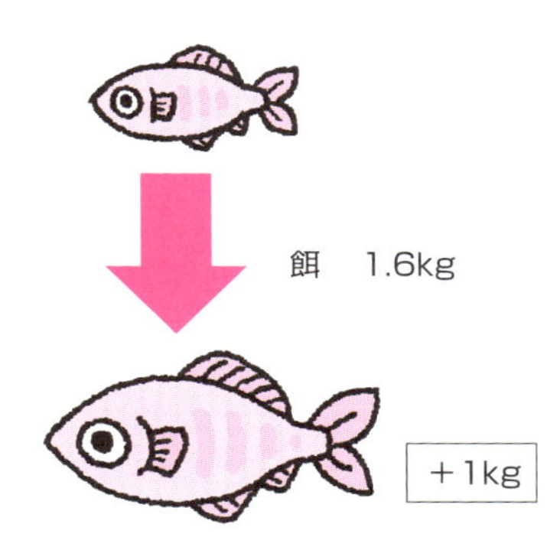

餌によって成長度合が変わる

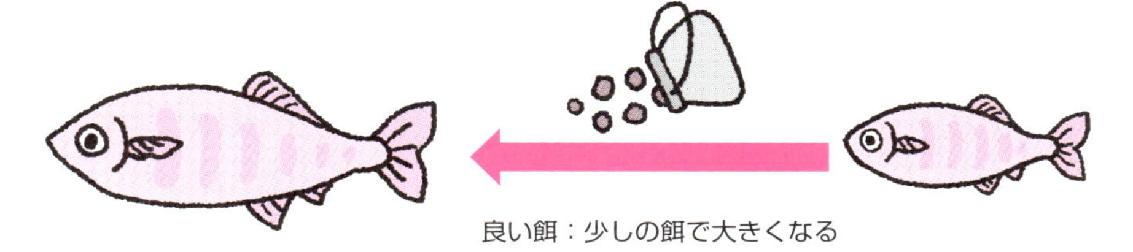

良い餌：少しの餌で大きくなる

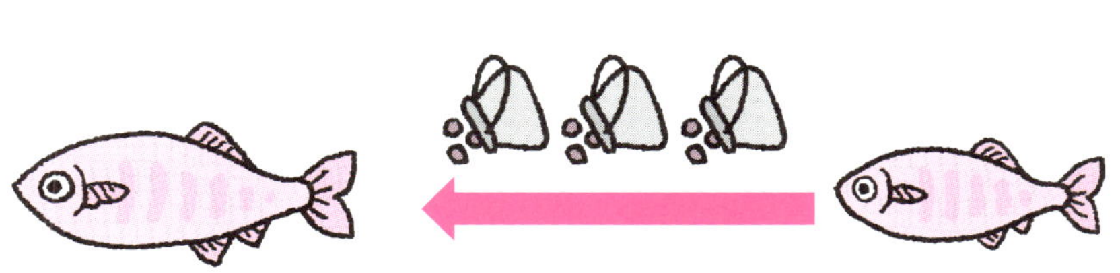

悪い餌：たくさん食べても大きくなりにくい

47 魚粉と魚油の課題

魚が育つための栄養をいかに確保するか

魚粉や魚油は、餌のタンパク質や脂質源として優れた原料です。一方、世界的な養魚・家畜飼料需要の高まりによりこれらの価格が高騰し、養殖魚の生産コストも増大しています。したがって、魚粉・魚油の代替源をうまく利用していくことが、持続的な養殖生産にとって重要な課題となっています。

魚類も他の動物と同様に肉食、雑食（動物と植物食）および草食（植物食）に分けられます。日本で養殖対象となる海水魚のほとんどは肉食であるため、タンパク質の要求量は高くなります。魚粉はタンパク質含有量が高く、アミノ酸バランスも優れていることから、タンパク質源として最も好ましい原料として利用されています。オキアミミールやイカミールは高タンパク質でアミノ酸バランスも優れていますが、価格が高く、主タンパク質源としての利用は困難です。

一方、魚粉代替源として植物タンパク質、昆虫ミール、微生物性タンパク質、動物性食品残渣などがあります。植物タンパク質は安価で供給量にも問題がないため広く利用されていますが、魚粉を100％代替するには至りません。今後は、昆虫ミールや微生物性タンパク質などの未利用の動物性原料に注目が集まると予想されます。

魚油の代替源としては主に大豆油、パーム油などの植物油が利用されています。魚油には、ドコサヘキサエン酸（ＤＨＡ）やエイコサペンタエン酸（ＥＰＡ）、親魚の産卵、仔稚魚の成長に必要なリン脂質が多く含まれています。魚体の脂肪酸組成は、与えた油の組成が反映されるので、魚油の代わりに代替油脂を利用する際には注意が必要です。なお、特に日本人は生食を好むため、魚粉や魚油の代替源を利用する際には魚の成長だけではなく、食品としての安全性や食味についても十分に考慮しなければなりません。

要点BOX
- 養殖魚は肉食が多く、魚粉に含まれるタンパク質や魚油に含まれるリン脂質などが必要
- 魚粉や魚油の代替原料が模索されている

魚粉と魚油は餌の重要な原料

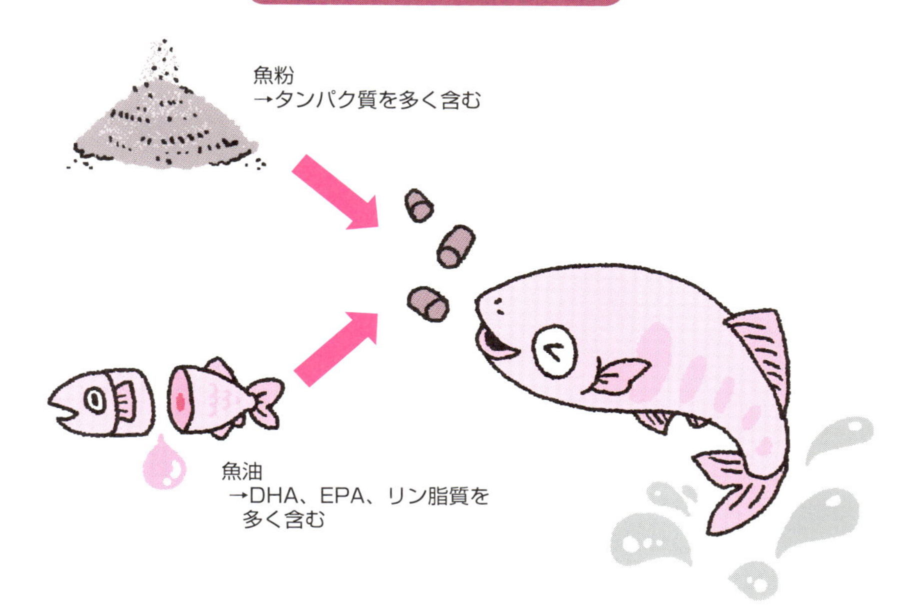

魚粉の代わりとなる資源

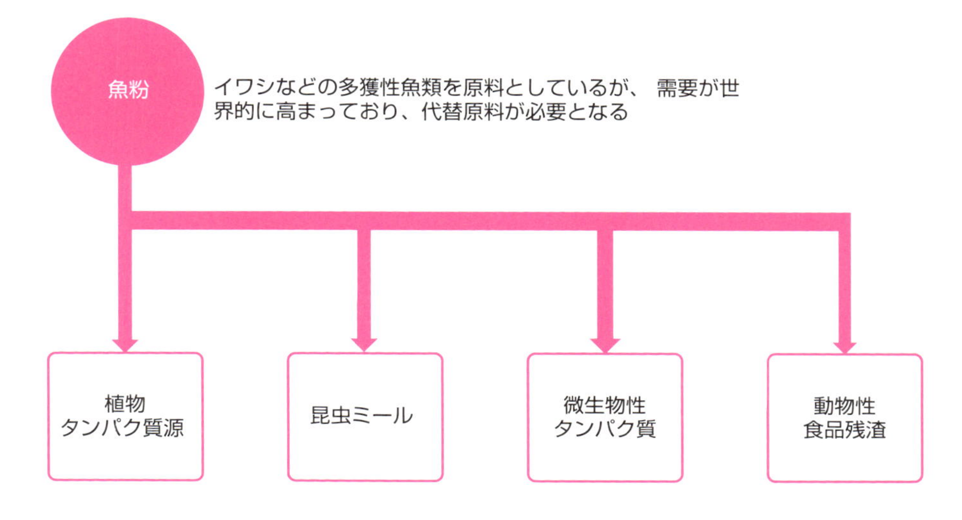

48 養殖魚の病気

養殖魚だって病気になる

「病気」を辞書で引くと「生物に異常が現れた状態」と説明されています。魚に限らずどんな生物も病気になりうるのです。例えば他の生物に病気を起こす単細胞の細菌でも、ウイルスの感染で死ぬことがあります。

しかし、病気の野生魚を見たことがある人はほとんどいないでしょう。もともと魚の密度が養殖場とは桁違いに低いうえ、病気の魚がいたとしても水中の魚を見ている人がいないため気付かれないのです。さらに、野生では軽度の病気でも天敵に食べられやすくなったり、餌を採れずに餓死したりするので、病気の魚を人が目にすることはまずありません。

一方、養殖では、限られた範囲に多くの魚が飼われています。病気が起こる確率が同じでも、密度が高ければ高いほど発病しやすくなり、すぐに広がります。同じ種類の魚が高密度に存在する養殖場は、病原体にとっては食べ放題の楽園なのです。さらに、毎日人がしっかり観察しているので起こった病気を見逃すことはありません。

魚が病気になるとどうなるのでしょう？　病気の魚にとっては弱ったり死んだり、何も良いことはありません。しかし天然では群れ全体、さらには生態系を維持していくためには個体数の調整が必須です。そのための仕組みとして、病気は食物連鎖と同じく無くてはならないものなのです。とは言え、資源や環境を利用する人間にとって、病気はやはり困りものです。天然魚では漁獲量に影響している可能性があり、養殖魚では経済的な損失に直結します。養殖魚介類の病気による損害は生産額の数％にも及びます。原価率が高い養殖では死活問題なのです。

養殖では病気の対策に多くの制約がありますが、天然よりも病気になりにくい養殖を実現するために研究が続けられています。

要点BOX
- ●養殖は天然よりも病気の影響が強く出る
- ●原価率の高い養殖は、病気が死活問題になる
- ●病気になりにくい養殖技術が研究されている

養殖魚の病気

・限られた範囲に数多くの魚が密集している
・同じ種類の魚が一つの場所に集まっている

自然環境より養殖環境のほうが
魚は病気にかかりやすい

養殖場は病原体にとっての楽園

49 病気の原因

養殖に仇なす感染症・寄生虫症

病気の原因は様々です。水質の悪化や不適切な餌は、直接病気の原因となり、他の病気にかかりやすくします。これらの問題は養殖法の改善などで解決されてきましたが、近年の環境変動や原料の価格高騰による飼料の品質低下によって再び問題となりつつあります。しかし、遺伝病など魚自身が直接の原因となる病気は養殖ではまず起こりません。老化前に出荷されるので、ガンや生活習慣病ともほぼ無縁です。

現在、魚病被害の多くは感染症・寄生虫症によるものです。原因となる病原体はウイルス、細菌（＝バクテリア）、真菌（カビや酵母の仲間）、寄生虫に大きく分けられます。

ウイルスは極めて小さく構造が単純です。感染すると病気の進行が速いことが多く、魚の細胞を乗っ取って増殖するため治療が困難です。細菌の多くはウイルスや寄生虫と異なり、魚に感染しなくても生きていけます。そのため、養殖環境中には病原菌を含む多様な菌が大量に存在します。病原性が低い菌でも、魚の状態が悪ければ感染して発症します。真菌は養殖ではそれほど問題になっていませんが、人の水虫同様、ひとたび発病すると対策が困難です。

病気の原因体で最も大型なのが寄生虫です。魚が全滅するといった被害は少ないですが、毎年の様に発生し、魚の成長を妨げ、時には死に至らしめます。寄生虫には原生動物から甲殻類まで様々な種類があり、姿形、生態、魚への影響も千差万別です。魚の身を溶かしたり、魚体を変形させて商品価値を下げたりする種もいます。またアニサキスなど食中毒を起こす寄生虫は、食品である養殖魚にとって大問題です。天然魚に比べ養殖魚には僅かな種類の寄生虫しかいませんが、養殖環境で増えやすい寄生虫もおり、長年養殖業者を悩ませています。

要点BOX
- ●病気は健康状態や環境の悪化で起こる
- ●魚病被害のほとんどは感染症・寄生虫症が原因
- ●寄生虫症は対策が困難で被害が大きい

寄生虫の感染ルート

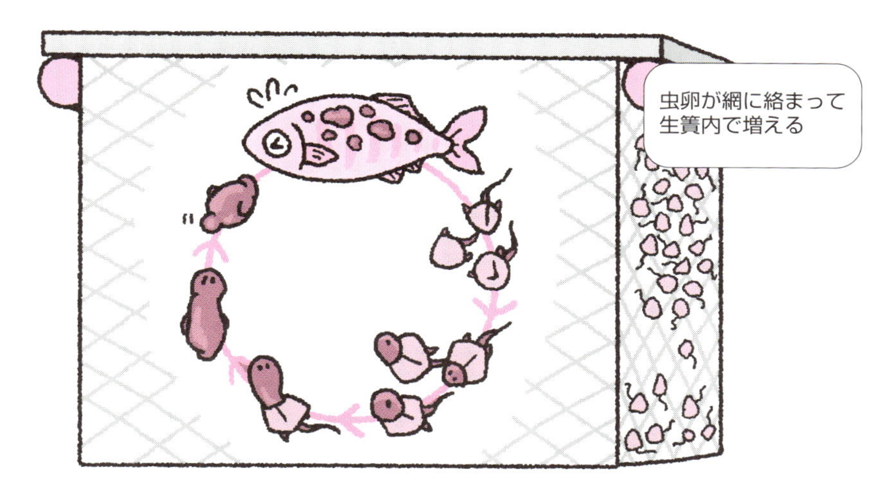

単純な生活環を持つ寄生虫は、宿主となる魚の密度が高い
養殖場で爆発的に増殖して病気を引き起こす。

養殖魚の寄生虫被害

脳に粘液胞子虫が寄生して、変形したヒラマサ

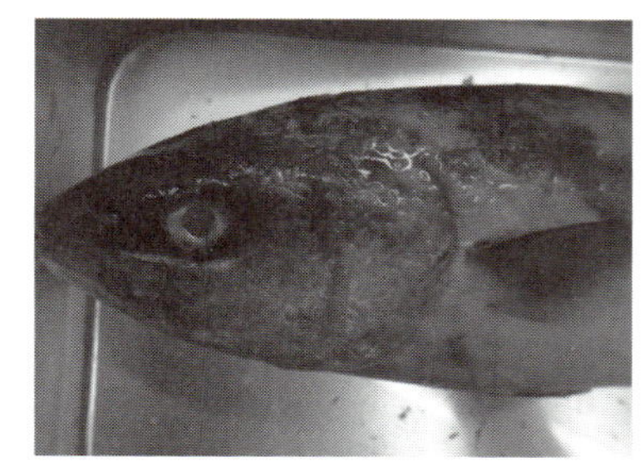

体表に無数のハダムシが寄生して
死亡したブリ

50 病気の対策と課題

人・魚・環境にやさしい病気対策を目指す

病気対策の基本は「予防」と「治療」です。1990年代まで養殖魚の感染症対策は「治療」が主でした。細菌症の治療に抗生物質が多く使われ、「養殖魚は薬まみれ」というイメージが広まっていました。しかし、食の安全性に対して意識が高まり、抗生物質の効かないウイルス病が問題になってきたことで、病気の対策は「治療から予防へ」とシフトしました。また、以前は環境や他生物への影響が懸念される薬も使われていましたが、現在では国が認めた「水産用医薬品」しか使うことができません。抗生物質の多用による薬剤耐性菌の出現は世界中で危惧されており、養殖魚への投薬は今後さらに厳しくなるでしょう。

現在、予防対策として最も一般的なのはワクチンで、稚魚一尾ずつに接種します。大変な作業ですが、病気が格段に減少します。また、飼育環境の改善も病気の予防に役立ちます。このような対策によって壊滅的な被害は少なくなっています。しかし、中には寄生虫のようにワクチンを作るのが極めて困難な病原体もおり、養殖業者は悩まされています。

最近、続々と新しい病原体が見つかっています。養殖場の拡大や魚種の増加も一因ですが、海外から侵入するケースもあります。また、逆に日本から海外に病原体が広がることもあります。天然魚に病気を広めないための工夫も必要で、病原体の防疫対策は最重要課題の一つです。

今後は薬剤を使用しない飼育法の工夫や、病原体の生態を利用した疾病対策が重要となるでしょう。また、病気に強い系統や品種を作る試みもなされています。魚を大量飼育する以上、病気は避けられません。治療と予防を組み合わせた総合的な対策で被害を最小限に食い止めることが重要です。

要点BOX

- ●病気を「治療」から「予防」する時代に変わった
- ●ワクチンの接種で病気を予防する
- ●病原体を持ち込まず、広めない「防疫」が重要

稚魚にワクチンを接種

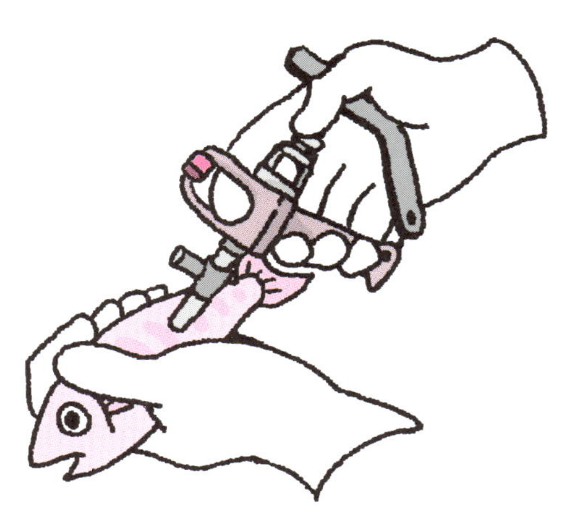

・麻酔した魚に専用注射器で1尾ずつ接種する
・稚魚が病気にかかる前に、できるだけ早くワクチンで免疫をつける
・ワクチンには不活化した病原体が使われる
・注射以外にも餌に混ぜて食べさせたり、水に混ぜて魚を浸けたりするワクチンもある。

病気の予防・治療・防疫

病気の予防
・ワクチン接種
・耐病性育種
・飼育環境の改善

病気の治療
・薬剤投与
・病原体の除去

魚と家畜の餌の違いは?

魚の餌と、豚や牛、鶏などの家畜の餌とのもっとも大きな違いは、その形状、原料、栄養成分の3点にあります。

家畜の餌は、様々な原料を混合した粉末状のマッシュタイプがもっとも多くみられます。そのほかにも、粒状のペレットタイプや、それを砕いたクランブルタイプといったものも使用されています。一般的に、餌は飼槽（餌を入れる箱や樋）に撒かれた後に、家畜の好むタイミングで自由に摂取することができます。このため、食べこぼし以外による餌の損逸は少ないといえます。一方、魚の餌は水中に撒かれるために、粉状ではなく必ずペレットの形状をしていなければなりません（例外として、ウナギの餌は餅状です）。また、魚のいるところまで確実に餌を届ける必要がありま

す。もし、魚が食べられないような形状をしていたり、沈むスピードが早すぎたり、沈みにくかったりするような場合、餌は魚に食べられずに水底に沈んでしまうか、生簀の外に流れていってしまいます。魚の口に確実に入るように形状や浮力などが慎重に調整され、高度に加工されているのが、魚の餌の特徴であるといえます。

また、魚と家畜の餌における、もう一つの大きな違いは、使用されている原料にあります。家畜の餌のほぼ半分は、安価で栄養価の高いトウモロコシで出来ていますが、魚の餌のほぼ半分は、私たちの食卓にも上がるイワシなどの小魚を粉末状にした魚粉という原料で出来ています。魚粉も栄養価は非常に高いのですが、トウモロコシに比べると非常

に高価な原料です。さらに驚くことに、魚の餌には家畜の餌に使用されているトウモロコシが、ほとんど使用されていません。豚や鶏などの家畜は、トウモロコシの主成分である炭水化物をうまく消化して、エネルギー源として利用することが出来ます。一方、ブリやマダイのような肉食性の魚は炭水化物をうまく消化することが出来ず、エネルギー源として利用することが苦手です。その代わり、多くの魚は、タンパク質と脂質をエネルギー源として積極的に活用します。ほとんどの家畜の餌には、タンパク質が20%前後しか含まれていないのに対して、魚の餌には40〜60%と非常にたくさん含まれています。魚粉はタンパク質を豊富に含んでいるため、魚の餌の原料としてはうってつけなのです。

第6章
漁場環境を整える

51 養殖漁場の環境

海の特徴と魚が飼育できる条件

海面を利用する魚類養殖に適した環境というものを考える場合、重要な環境の要素としては、水温、溶存酸素および塩分を主なものとして挙げることができます。もちろん、毒物やその他の汚濁物質などで海が汚染されていないことも必要です。

魚類の養殖を行う場合、まず養殖しようとする魚の種類に適した水温が必要となります。しかし、海面で養殖をする場合では海水の温度を変えることはできません。養殖魚にとって好適な温度帯にある海を養殖漁場として選ぶ必要があります。

次に重要な要素は酸素です。海水に溶け込んでいる酸素（溶存酸素：Dissolved Oxygen, DO）の不足は養殖魚の成長を悪化させますし、最悪の場合には死に至らしめます。海水の溶存酸素の量が十分であることが重要ですが、やはり人為的な調節が困難です。溶存酸素は水温が高いと減少するため、特に夏季に著しい減少（貧酸素化）が発生していないか注意して観察しておく必要があります。

時として大量の降雨も見過ごせない影響を及ぼす場合があります。ご存じのとおり海水には塩分があり、普段は変動が少なく安定しています（沿岸部では33パーミル前後：パーミルは１０００分の１を表す）。しかし、大量の降雨があった場合には、水面付近を中心に塩分が大きく低下してしまいます。海水魚は生簀の底の方に逃げようとしますが、より深い層まで塩分が低下している場合だと魚の調子が悪くなりますし、よりひどい場合では魚が死亡することもあります。また、大雨が降った場合には、陸上から大量のごみや土砂が流入して生簀網が損傷したり、海水が著しく濁ってしまったりすることもあります。例えばマグロなどでは、濁りがあると視界が遮られたことで狂奔してしまい、生簀網に衝突するなどして死亡につながる場合もあるそうです。

要点BOX
- ●漁場の水温と酸素が重要
- ●海水中の溶存酸素は高水温時期に少なくなる
- ●大雨の影響（低塩分や濁り）にも注意が必要

水温と溶存酸素(DO)の変化の一例

(和歌山県田辺湾、水深5m)

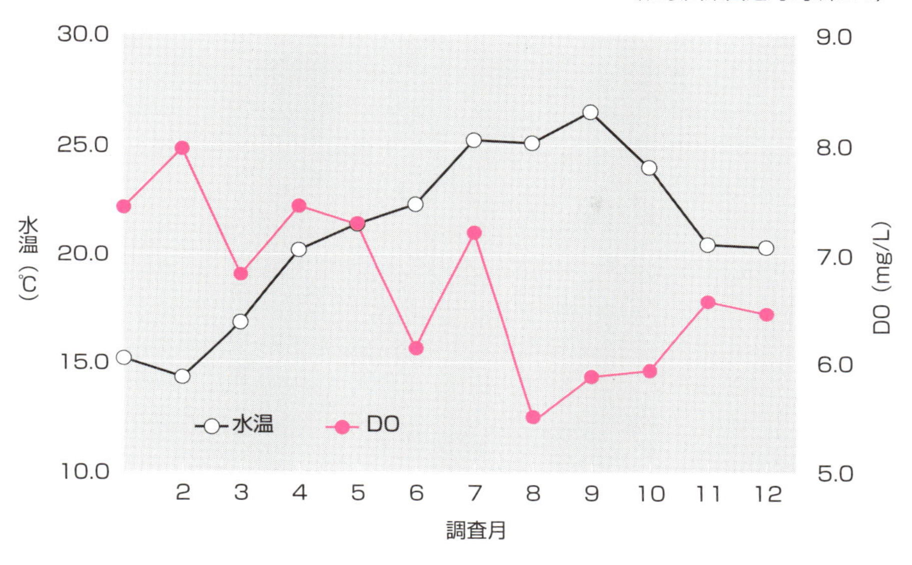

塩分(単位はパーミル)への降雨の影響の一例

(和歌山県田辺湾)

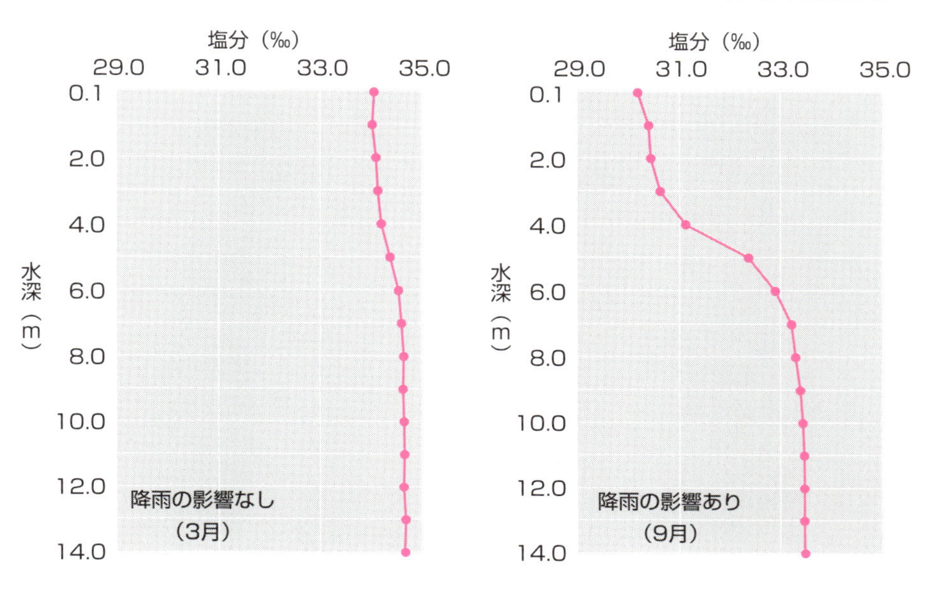

52 養殖は海を汚す!?

残餌や排せつ物による自家汚染

給餌養殖（4項参照）では、日々魚に餌をやります。魚が餌を食べるとフンをしますし、与えた餌の一部は食べられずに海底に沈んでしまうかもしれません。こういった、魚のフンや残餌（餌の食べ残し）は有機物と呼ばれています。

海に排出された有機物は海（環境）に備わっている自浄作用によりやがて分解され、なくなっていきます。人間が何もしなくても分解されてなくなるものなら、手放しで喜んでしまってもいいのでしょうか？　実は、有機物の分解過程では非常に多くの酸素を使います。海の状態を顧みず養殖を行い、有機物の排出を続けていると、やがて海の酸素がどんどん減っていきます。これを貧酸素化といいます。さらに負担を増やしていくと、やがて酸素はなくなり、無酸素状態となります。こうなると多くの生き物は生きることができなくなります。また、有機物に含まれた窒素やリンは、分解される過程でそれぞれ、無機態の窒素とリンになります。この無機態の窒素やリンが多くなった海の状態を特に富栄養化（状態）といいます。この富栄養化した状態では植物プランクトンが海に色がつくレベルにまで大増殖する、赤潮と呼ばれる状態になることがあります。赤潮を引き起こす植物プランクトンの中には魚にとって有害な種類が存在しており、養殖魚の大量死など深刻な漁業被害を引き起こす場合があります。

儲けを増やすためにできるだけたくさんの魚を養殖することを進めていった結果、自分たちの行っている養殖に被害が出るほど海の環境を悪化させてしまうこと、これを自家汚染といいます。かつて社会が高度経済成長期にあった時期には、家庭や工場など陸上からの排水による負担も重なり、深刻な海洋汚濁が発生していました。これは大きな社会問題として受け止められ、現在では様々な対策がとられる様になりました。

要点BOX

- ●養殖で発生する残餌やフンが負荷になる
- ●過剰な負荷は貧酸素化や赤潮発生の原因
- ●養殖が原因の養殖漁場の環境悪化が自家汚染

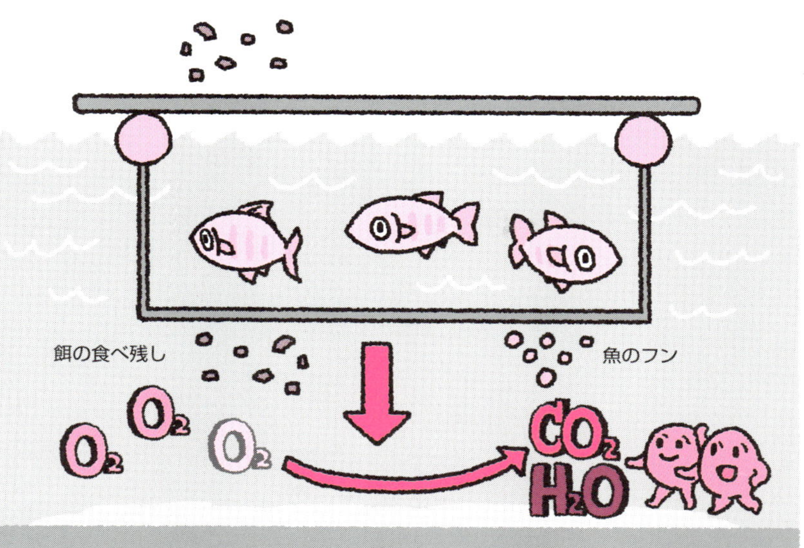
有機物の分解と酸素（CO_2）の消費
餌の食べ残し
魚のフン
O_2
O_2
O_2
CO_2
H_2O

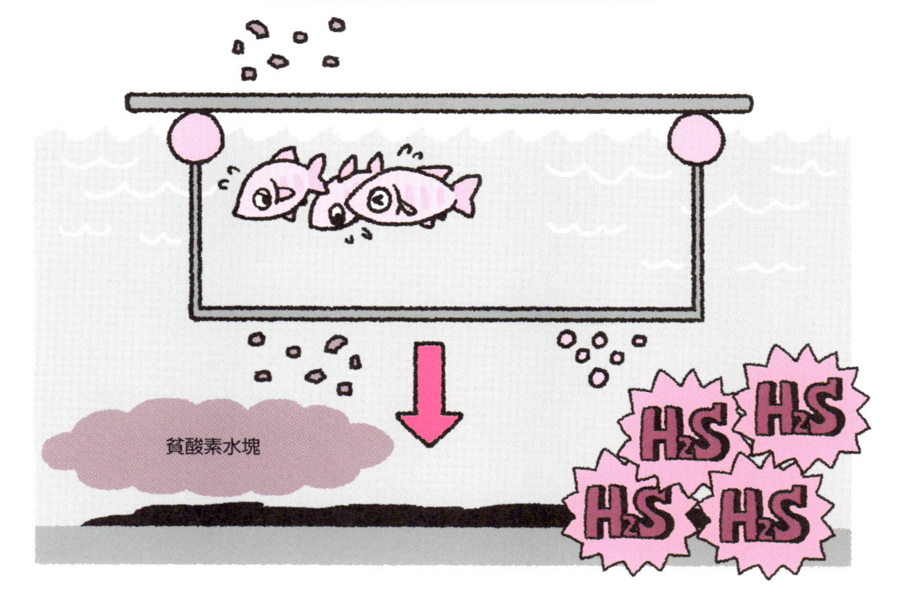
貧酸素水塊と硫化水素（H_2S）の発生
貧酸素水塊
H_2S
H_2S
H_2S
H_2S

53 海への負担を減らす

餌の種類とやり方がカギ

養殖を行うと海に負担をかけることになり、ひどい場合では自家汚染となる、と52項でお話ししました。では、漁場の負担を少なくして養殖を続けていくためにはどうしたらいいのでしょうか。この課題へのアプローチの一つが餌のやり方と種類なのです。

一番重要なのは、無駄な餌をやらないことです。食べ残された餌は海底に沈み、有機物の負荷となってしまいます。また、たくさん食べさせれば食べさせた分だけ、魚の成長が速くなるというものでもありません。過剰な給餌は環境に負荷をかけ、無駄な餌代（出費）を発生させるだけです。

えさの種類や形態も大きく影響しています。かつての養殖では、生の小魚がそのまま餌として与えられていたり、大きな魚をミンチにして与えていたりしていました。これらを生餌と呼びます。生餌は大きな塊のまま沈むため、食いちぎった残りが食べられずに沈んでしまう、沈むまでが速く食べ残しが出やすい、など無駄になる比率が高いとされています。また、魚の切り身やミンチは海中で飛散したり溶けだしたりして海に負荷をかけやすい（汚しやすい）形態といえます。

現在、魚類の養殖に用いられている餌の多くは配合飼料という人工の餌です。魚肉を基本に必要な栄養を適量添加して調整されるため、生餌に比べ栄養バランスが良く、魚の成長の効率もよいとされています。形は粒状で（乾燥した粒子状のドッグフードなどをイメージしてもらうと分かりやすいでしょう）魚が食べやすいので、生餌と異なり最適な給餌を行いやすく、食べ残しも大幅に減少させることができたといわれます。

もちろんこのように餌の改善を行っても、海の自浄作用が上回る負荷をかけてしまうと漁場の環境は悪化してしまうことを忘れてはいけません。

要点BOX
- ●無駄な餌をやらないことが環境への配慮
- ●配合飼料の登場が環境への負荷を大きく減少させたと考えられている

生餌を給餌する

配合飼料（ドライペレット）給餌

54 漁場環境を整える

海の〝健康状態〟に目を向ける

海面で魚の養殖をする限り環境に負荷をかけてしまうことは避けられません。漁場を使い続けたままにしておくと、漁場の汚濁が進行し、やがて環境が破壊されてしまいます。

ならば人間の力で環境を回復させることはできないのでしょうか。例えば、たまったヘドロを取り除く作業（浚渫）、海底の汚れの溜まった部分を砂で埋めてしまう（覆砂）などの手法があります。しかしこれらの方法は大がかりな土木工事となり、お金も人手もかかります。しかも問題の完全な解決とはなりません。負荷が大きすぎるという根本的な問題を解消しないかぎり、海は再び元のように汚れてしまうのです。一度汚濁が進行してしまった海を人の手で回復させることは非常に困難です。

養殖を長く続けていくためには、環境を破壊しないように予防的な措置をとる、ということが現実的な方向性といえるため、養殖漁場を利用する関係者に漁場環境を良好な状態に維持管理する努力を求める法律である持続的養殖生産確保法が１９９９年に制定されています。

では、どのようにして漁場を良い状態に維持すればよいのでしょうか。海は元々自浄作用を備えています。この自浄作用の範囲におさまる負荷であれば、養殖が海の環境を破壊するほど大きな影響を与えないですむと考えることができます。海を利用して養殖を行っている人たちが、自分たちの手で養殖を行っている海の現在の状態をよく知るということが必要です。そしてこれは、1回2回の話ではなく、養殖を行っていく限り長く続けていく必要があります。日々、海の健康状態に目を向けることで、漁場に過剰な負荷をかけていないかということに心配りができ、環境との調和が可能となります。これは直接に養殖の〝もうけ〟とはなりませんが、持続的な養殖を行うためには重要なことです。

要点BOX
- ●人為的な環境の修復にはお金も手間もかかる
- ●漁場に負荷をかけない予防的な運用が必要
- ●養殖では魚だけでなく漁場の状態にも注意

調査風景

採泥器で底質（海底の泥）を採取する

水質計で海水の水質（水温、塩分、DO、クロロフィルa量など）を測定する

水深や透明度を測定する

代表的な機材

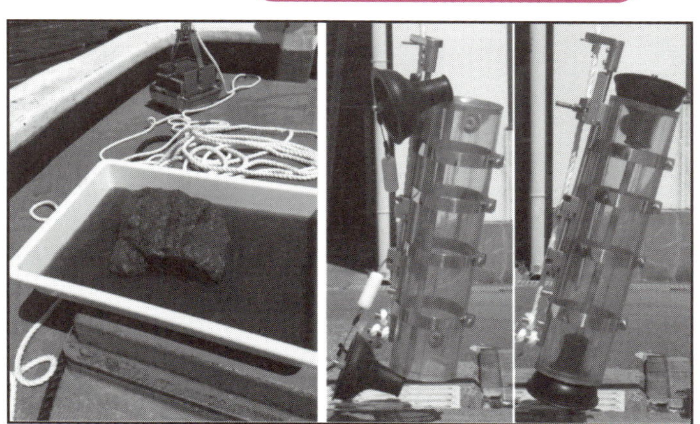

エクマンバージ式採泥器と採取した底質（左）、バンドン採水器（右）

Column

海の環境を支えている微生物

微生物は、肉眼でみることができない大きさの生物をまとめて示す言葉です。プランクトン、原生動物、菌類（カビ、細菌）そしてウイルスなどがこれに含まれます。南極の極寒の環境中から温泉の熱湯の中に至るまで、地球上のありとあらゆる場所に何らかの微生物が存在しています。

当然、養殖場の海にも微生物が存在しています。例えば、海中の細菌だけでも、海水1㎖あたりにおよそ数万から数十万細胞程度が存在しています。魚を飼育している水槽の海水（飼育水）中には、もう一桁数が多くなり、1㎖に数百万細胞が存在することもあります。

細菌たちは（他の微生物も同じですが）、実は我々が生活している環境を維持し形作るために大きな働きをしています。我々の生きている世界にある物質は、イメージしにくいかもしれませんが、常に、分解されたり組み立てられたり、が繰り返されています。その一連の流れ（物質循環といいます）において重要な役割を担っているのが、細菌をはじめとする微生物たちなのです。

養殖漁場に存在している細菌は、養殖由来の汚れ（主に有機物）を分解しています。これが養殖漁場（海）における自浄作用であり、細菌たちがその自浄作用を支える重要メンバーなのです。もし彼らが養殖で発生する汚れを分解してくれなければ、養殖漁場の海底は魚のフンや食べ残しで一杯になってしまう、そんなことが起こるかもしれません。他にも、重油の流出事故が起きた海域では、重油を分解する細菌が見つかるようになります。また、天候に影響を与える細菌たちもいます。磯の香りの成分と言われているものがジメチルサルファイドという物質ですが、これも硫黄の物質循環を支える細菌が生産しています。この細菌の産生したジメチルサルファイドは、大気中で雲を形成する要因のひとつとなっていて、雲の量に影響しているとされています。

微生物は、病気の原因だとか食べ物を腐らせてしまうとか、何かと悪いイメージで見られがちです。しかしその微生物たちこそが、養殖を支え、さらに地球の環境を維持するという重要な任務を、誰に感謝されるでもなく日々こなしているのです。どうですか？　微生物たちのこと、私たちにとってとても身近で大切な隣人だと思えてきませんか？

第7章

より優れた品種を誕生させる

55 品種改良の歴史

多くの魚が品種改良から生まれた

魚類の品種改良で最も古いものは、金魚です。1600年ほど前に中国で、フナの突然変異として赤い体色のものが現れ、それを珍しいものとして飼育し始めたとの記録が残っており、わが国には1502年に和泉国堺（現在の大阪府堺市）に渡来したとされています。金魚には体色だけでなく、フナから改良されたものとは思えないほどの様々な体形が存在しており、品種改良の効果には驚くべきものがあります。日本へら鮒釣研究会によると、同じフナの品種改良として、明治時代に琵琶湖産のゲンゴロウブナに体高の高い変異個体が現れ、これを交配してその形質を固定した魚がヘラブナであり、現在では釣りの対象品種として全国に普及しています。また、わが国で最も古い魚類の品種改良にニシキゴイがあります。約200年前に新潟県の旧・山古志村（現・長岡市）・小千谷市で食用鯉の突然変異種として誕生しました。ニシキゴイには体形の変化はありませんが、体色のバリエーションは野生のコイからは想像できないほど多くあります。

養殖魚では、1957年に論文が発表されたアメリカのドナルドソン博士らによるニジマスの選抜育種があります。成長、成熟時期（早期化）、高水温耐性、抗病性および産卵量が改善されていて、このニジマスの品種は現在でもドナルドソン系として養殖されています。海水魚の品種改良が始まったのは1960年代以降です。第4章で述べられたとおり、養殖魚からの採卵に成功した近大水研が1960年代の前半から、成長が早く、姿形の良いマダイを親にする選抜育種を開始し、現在まで継続されています。1980年代以降に研究が盛んに行われた染色体操作とそれを応用した性統御、1990年代以降に急速に研究が進んだ遺伝子組換え技術、さらに最近ではゲノム編集技術による品種改良の研究も進んでいます。

要点BOX
- ●金魚から品種改良の歴史が始まった
- ●ニシキゴイは日本発祥で200年の歴史をもつ
- ●最近は性統御や遺伝子編集技術も使われる

品種改良された金魚

フナ(金魚の原型)

フナから品種改良された金魚は、品種改良の結果様々な体形を持つようになった

56 選抜育種

古典的だが大きな効果が得られる方法

選抜（selection）とは、「とくに育種において人為的に行う選択・淘汰」とされています（岩波生物学事典第4版）。養殖では、成長、体色、体形、卵巣や精巣の大きさなど、生産効率を高めたり、商品価値を高めたりする、いわゆる経済形質と呼ばれるものをターゲットとして選抜が行われます。

選抜育種の方法には、集団選抜と家系選抜とがあります。集団選抜は、集団の中からサイズや体色などの形質（表現型）に基づいて、優れた個体を複数選抜して次世代を得るというものです。わが国では55項で述べられているように、近大水研が1960年代前半より現在まで続けているマダイの品種改良が大きな成果をあげています。天然種苗を用いて養殖すると魚体重が商品サイズである1kgになるまでに約3年間かかりますが、10世代以上に渡り選抜育種されたマダイでは種苗の導入から約1年半と天然種苗の約半分の期間で商品サイズに成長します。この方法のメリットはシンプルでコストがかからないこと、魚種を問わないことで、デメリットは選抜育種の効果が得られるまでに時間がかかることです。

家系選抜とは、いくつかの家系から養殖に適する優れた家系を選抜する方法です。遺伝による変異（ばらつき）を集団選抜よりも小さくすることが可能であるとされています。また家系からの選抜は環境による変異の大部分を打ち消すので、集団における遺伝的な差異を見分けることが簡単にできます。家系間選抜と家系内選抜を組み合わせるとベストな家系からベストな個体を選抜することができる最もパワフルな方法となり、家系について考慮しない集団選抜に比べて高い効果が得られます。従って、集団選抜に比べて短期間で選抜効果が得られますが、少数の個体を選びすぎると血縁関係同士の交配のリスクが高くなるという欠点もあります。

要点BOX

- ●養殖に適した魚を選んで親にする品種改良
- ●集団選抜は集団内の優秀な個体から選ぶ
- ●家系選抜は複数の家系から優れた家系を選ぶ

集団(個体)選抜

集団の中で、より優れた個体を選び出していく

メリット
・コストがかからない
・魚種を問わず実施できる

デメリット
・効果が現れるまで時間がかかる

家系選抜

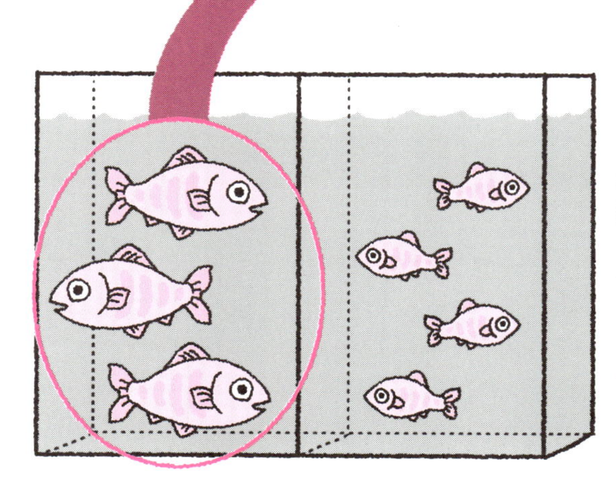

複数の家系から、より優れた家系を選び出していく

メリット
・短期間で高い効果が得られる

デメリット
・血縁同士をかけあわせるリスクがある

57 交雑育種

異種間交雑種形成による品種改良

違う種同士を交配させることで両親から望ましい特徴を受け継いだ新しい品種を作成することを「異種間交雑種形成による品種改良」または単に「交雑育種」と呼びます。

海水魚類の養殖における応用例としては、イシダイとイシガキダイの交雑種であるキンダイ、クエとタマカイの交雑種であるクエタマなどが作られています。キンダイは成長の良さはイシガキダイから、繁殖力の強さはイシダイから受け継ぎ、見た目も縞と斑点が混じった姿となっています。クエタマの場合、味や肉質の良さはクエから、成長の良さはタマカイから受け継ぎ、早く大きく育ち、食べておいしいという特徴をあわせ持ちます。このように、交雑種はおおむね両親魚種の特徴を受け継ぎ、中間的な見た目・特性を持った新しい品種となります。特に、ある特徴に対して元の両親のいずれよりも優れた特性を示す場合、雑種強勢とよび、このような交雑種は養殖業への利用価値が高いこととなります。

交雑種を作成するためには、親魚種の産卵期を温度などで制御して同調させたり、片方の親魚種の精子を凍結保存しておき必要な時に人工的に受精させたりといった飼育管理上の工夫が必要となります。また無事に交雑種の作成に成功したとしても、親魚種の組み合わせによっては、成長が悪い・見た目が良くないといった理由で養殖業への利用価値が低い場合もあります。

異種間の交雑現象は自然界でもごくまれに見られる現象で、様々な魚種・動物種で報告があります。一方でヒトが作成した交雑種が海洋に逃走した場合、他の動植物を食べつくしたり、現存する野生種との交配により遺伝子プールを汚染したりする可能性も考えられます。交雑種を養殖する場合は生きたまま放流したり、大量に逃走したりしないよう設備の管理に十分に気を付ける必要があります。

要点BOX
- ●異なる種を交配し、良い所どりの新品種を作る
- ●良い交雑魚を生み出す親の組み合わせが重要
- ●自然界に逃げ出さないような管理が必要

交雑育種

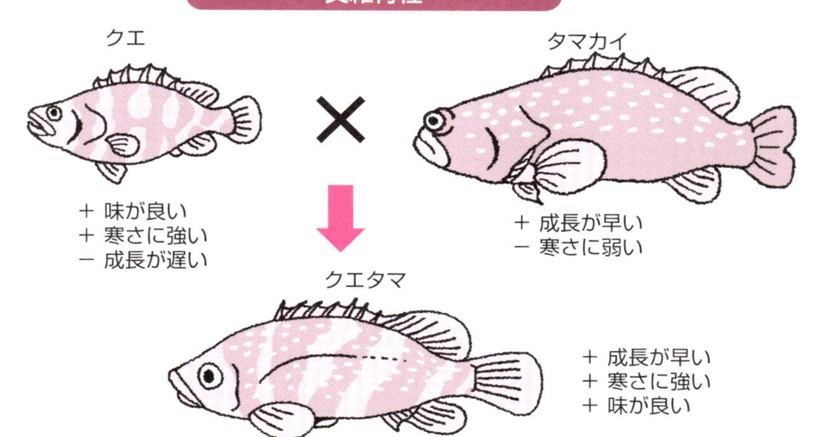

日本で作られた種間交雑種

雌親種		雄親種	交雑種　呼称	養殖種としての特徴
マダイ	×	クロダイ	マクロダイ	稚魚の成長が早い
マダイ	×	ヘダイ	マヘダイ	稚魚の成長が早い
マダイ	×	チダイ	マチダイ	体色が美しい
イシダイ	×	イシガキダイ	キンダイ	ストレスに強い、成長が早い
イシダイ	×	クロダイ	イシクロ	-
イシダイ	×	メジナ	イシメジ	-
ブリ	×	ヒラマサ	ブリヒラ	肉質が良い
ブリ	×	カンパチ	ブリカン	-
ヒラマサ	×	カンパチ	ヒラカン	-
クエ	×	タマカイ	クエタマ	成長が早い
ヤイトハタ	×	クエ	ヤイトクエ	-
ヒラソウダ	×	スマ	ヒラスマ	-
マツカワ	×	ホシガレイ	マツホシ	-
オオチョウザメ	×	コチョウザメ	ベステル	卵をたくさん産む
イワナ	×	カワマス	ジャガートラウト	釣り用として利用
ブラウントラウト	×	カワマス	タイガートラウト	釣り用として利用
ニジマス	×	イワナ	ニジイワ	地域特産品として利用
ニジマス	×	アマゴ	ニジアマ	地域特産品として利用
ニジマス	×	ブラウントラウト	ニジブラ	地域特産品として利用

用語解説

遺伝子プール：交配可能な集団が持つ遺伝情報の総体

58 性の統御と倍数体

すべて雌、すべて成熟しない魚の生産方法

シシャモ、アユ、ニシンなど、雄に比べて子持ち（卵巣が成熟した）雌の方が商品価値の高い魚がたくさんいます。この雌の魚だけを養殖したら儲かるのに、と考える人は多いと思います。

このような全て雌の魚を作り出す方法をメダカで開発したのは名古屋大学の山本時男博士で、今から60年以上も前のことです。

ほとんどの魚における性決定の仕組みは、ヒトと同じXX-XY型です。未受精卵はXの性染色体のみを持ち、精子はXかY、いずれかの性染色体を持っています。受精した卵の性染色体がXXの組み合わせだと雌になり、XYの組み合わせは雄になります。そこでXXという本来雌になる稚魚に雄性ホルモンを投与して性転換させ、X精子のみを作る偽雄（ニセオス）を作り出したのです。山本博士がメダカで開発したこの方法は、その後多くの養殖魚に応用され、全雌養殖が可能になっています。

魚はたくさんの卵や精子を作るため、成熟を開始すると蓄えた栄養成分が生殖腺に移動し、魚肉のおいしさも低下します。また、その間は成長も停滞してしまいます。成熟しない魚を作ることできれば、成長を続け、一年中おいしい魚を食べることができます。この成熟しない魚が全雌三倍体です。

受精すると卵と精子が持つ一組ずつの染色体が融合して二倍体の受精卵になります。しかし、受精直後の卵にはもう一組、受精後すぐに卵外に放出されて遺伝子がまったく利用されない、卵由来の染色体（第二極体）が存在します。受精直後の卵に温度変化や圧力を加えると、この第二極体の放出が抑えられ、三倍体ができあがります。この三倍体を作る時に偽雄のX精子を受精させると、性染色体がXXXの雌の三倍体ができ、それらは成熟しません。現在、多くの県でご当地名産品として、この全雌三倍体の養殖が行われています。

要点BOX
- 全雌魚は60年前に日本人がメダカで開発した
- 1年中おいしく、成熟しない魚がご当地魚として多くの県で養殖されている

偽雄の作成方法

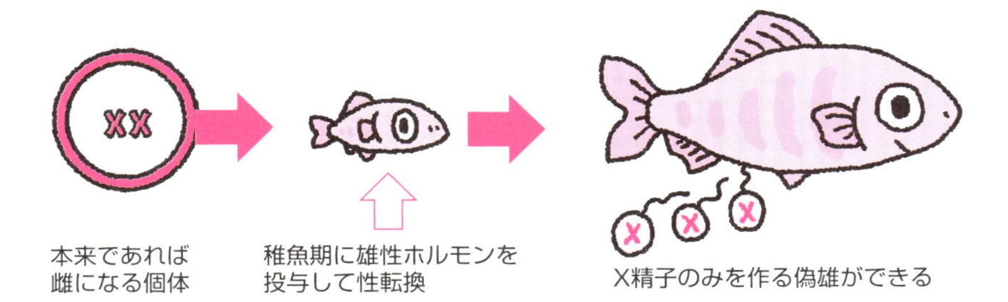

三倍体の作成方法

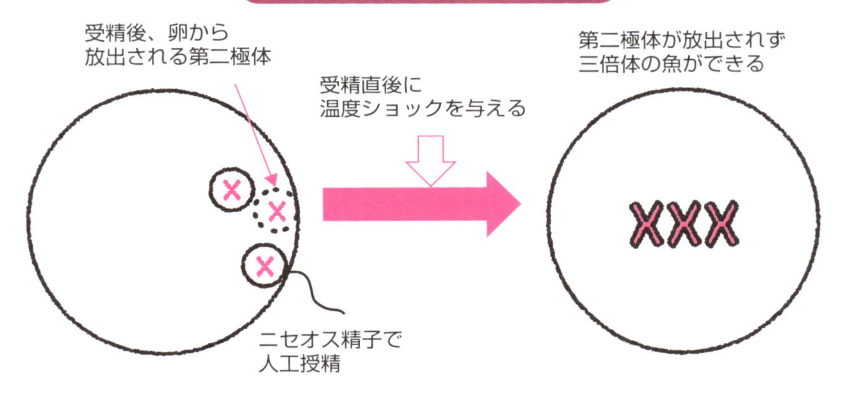

各地で生産される全雌三倍体

生産地	名称	魚種（雌x雄）
北海道	銀河サーモン	ニジマス
新潟県	美雪マス	ニジマスxアメマス
栃木県	ヤシオマス	ニジマス
東京都	奥多摩ヤマメ	ヤマメ
長野県	信州サーモン	ニジマスxブラウントラウト
愛知県	絹姫サーモン	ニジマスxアマゴ
		ニジマスxイワナ
岐阜県	岐阜大アマゴ	アマゴ

59 借り腹技術

サバのお腹を借りてマグロを増やす

東京海洋大学吉崎悟朗教授のグループは、2003年にニジマスの精子をヤマメのお腹で作らせる技術を世界で初めて開発しました。そして2006年、さらに効率の良い精原幹細胞移植技術へと発展させました。この技術を大規模飼育施設の必要なクロマグロに応用し、サバのお腹を借りてクロマグロの精子、卵を産ませる取り組みが続いています。近い将来、サバや他の魚種からクロマグロの受精卵が得られる日が来るかもしれません。

まずヤマメ生殖腺でニジマス精子の採取に成功した始原生殖細胞移植について、魚種をサバとマグロに置き換えて説明します。性分化前のマグロ仔魚（A）が持っている、性が未分化な生殖細胞である始原生殖細胞（B）を宿主サバ仔魚（C）の腹腔内へ移植します。すると、将来サバの精巣や卵巣になる生殖腺原基へと（生殖腺の放つ化学物質に）誘われるように移動し、生殖腺原基に取り込まれます（D）。移植された始原生殖細胞は、マグロの性と関係なく、サバが雌ならば卵巣内で卵に、サバが雄なら精巣内で精子に分化します。始原生殖細胞は仔魚1尾から10個程度しか得られませんので、始原生殖細胞で借り腹移植を行うのはとても手間がかかります。そこでサバを三倍体処理（58項参照）により不妊化する（サバ自身の精子、卵を作らせない）ことで、マグロの精子、卵を効率よく増やすことができます。

次に精原幹細胞移植について説明します。性分化が完了したマグロ成魚個体の生殖腺（E）には、自己複製と分化を同時に行うことが可能な生殖幹細胞が存在します（F）。これをサバ仔魚の腹腔内へ移植すると（G）、移植されたマグロの細胞はサバ生殖腺へ取り込まれて精子、卵を生産します（H）。生殖幹細胞（F）は仔魚から得られる始原生殖細胞（B）に比べて、成魚から大量に得られます。

要点BOX
- ●別の魚で目的の魚の精子と卵を作らせる
- ●2003年にヤマメとニジマスで初めて成功
- ●始原生殖細胞か精原細胞を移植する

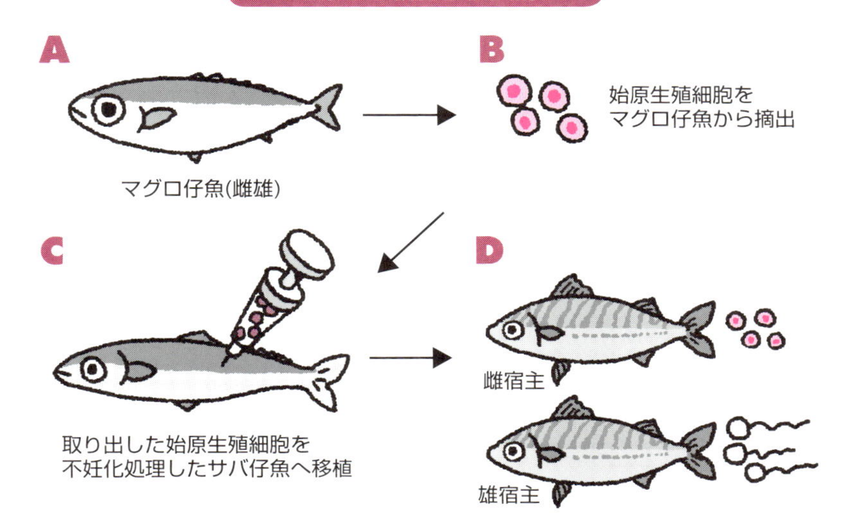
始原生殖細胞移植技術
A
B
始原生殖細胞を
マグロ仔魚から摘出
マグロ仔魚(雌雄)
C
D
雌宿主
雄宿主
取り出した始原生殖細胞を
不妊化処理したサバ仔魚へ移植
マグロの生殖細胞が宿主である
サバ成魚に取り込まれる

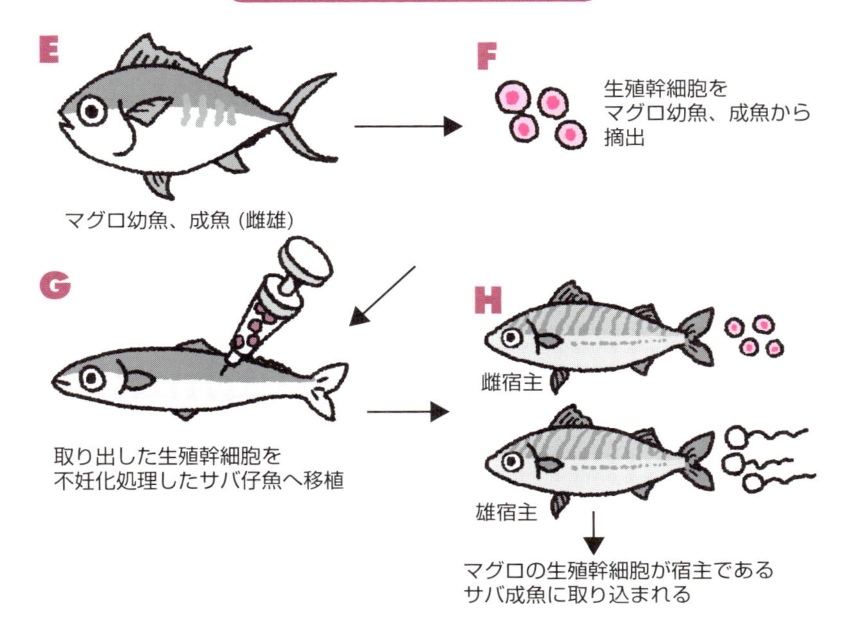
精原幹細胞移植技術
E
F
生殖幹細胞を
マグロ幼魚、成魚から
摘出
マグロ幼魚、成魚（雌雄）
G
H
雌宿主
雄宿主
取り出した生殖幹細胞を
不妊化処理したサバ仔魚へ移植
マグロの生殖幹細胞が宿主である
サバ成魚に取り込まれる

60 遺伝子操作

遺伝子操作で品種改良の効率化を目指す

遺伝子のＤＮＡ配列を積極的に操作することで、従来の手法よりも効率的に優良な品種を作り出そうとする試みについて紹介します。

(1)遺伝子導入法：一般に「遺伝子組換え」と呼ばれ、他生物由来の有用な遺伝子を、対象となる動物種のゲノムに導入する手法です。海外では、他魚種由来の成長ホルモン遺伝子が導入され、飼育期間が半分近く短縮された組換えアトランティックサーモンが開発されています。優良な特徴を目的の種に自由に付け足せるという利点はありますが、それまでその種が持ちえなかった外来ＤＮＡを新たに導入することで起こる様々なリスクの評価が難しいこと、消費者意識などの問題から現時点ではわが国の養殖産業で実用化された例はありません。

(2)変異誘発法：イオンビームなどの放射線や化学物質を生物に暴露することでＤＮＡがランダムに書き換わってしまう現象（数千～数万分の1の確率でＤＮＡ塩基が他の塩基へと置換される）を利用して、目的の特徴または遺伝子配列を持った子孫を選抜することで有用な品種を得ようとする試みです。陸上植物の品種改良では多用されているものの、飼育や繁殖に手間がかかる水産分野での社会実装例はなく、現在は海藻類やトラフグの品種改良に応用しようとする基礎研究が進んでいます。

(3)遺伝子編集（欠失）法：この手法は、内在遺伝子のＤＮＡ配列の一部を正確かつ任意に削除・訂正する、比較的新しい遺伝子／ゲノム操作技術です。この手法により、産業上不利となりうる内在遺伝子の機能を停止させることが可能になります。わが国の魚類養殖研究分野では、CRISPR/Cas9法と呼ばれる遺伝子編集技術を用いて筋肉の成長を抑制する遺伝子のみを破壊することで、ヒトが食べられる部分（筋肉量）が増加したマダイやトラフグなどについての基礎研究が行われています。

要点BOX
- ●遺伝子導入法は外来遺伝子を導入する
- ●変異誘発法は遺伝子に小規模な置換を起こす
- ●遺伝子編集(欠失)法は特定遺伝子機能停止

遺伝子導入法

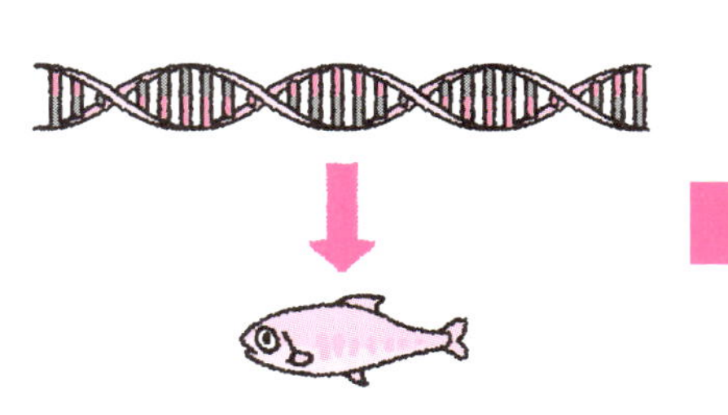

対象となる種へ導入

遺伝子組み換えをしていない魚より早く大きく育つ

変異誘発法

イオンビーム、化学物質などを親個体に暴露

DNAが書き換わった子孫から優秀な個体を選ぶ

遺伝子編集(欠失)法

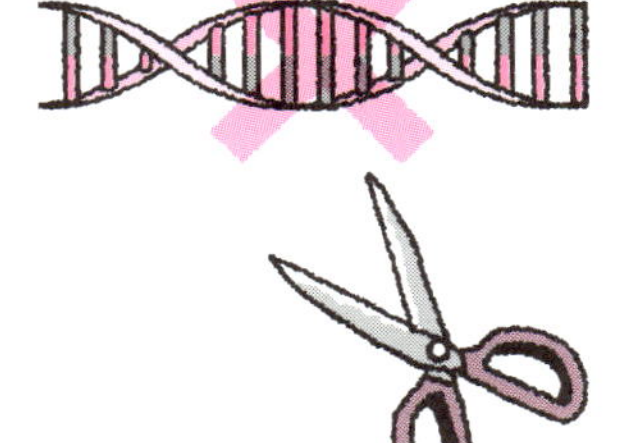

不要な内在遺伝子を破壊する

産業上不利な遺伝子の機能を停止させた新品種

用語解説

イオンビーム：原子から取り出したイオンを高速加速して得られる光線
ゲノム：ある生物が持つ DNA 情報（遺伝情報）の総体

Column

海水魚の交雑育種は学生実験から始まった

　交雑育種は、品種改良の方法として古くから用いられてきた方法です。身近なところで言うと、合鴨農法で知られているアイガモは、マガモとアヒルの交雑品種です。アヒルはマガモから品種改良された品種で、生物種としてはマガモとなるため厳密には種間雑種ではありませんが、食用としても広く普及しています。同じような交雑品種にイノブタがあります。1970年に和歌山県畜産試験場が雌ブタと雄イノシシを交配して作ったのが最初です。こちらもアイガモと同様、ブタがイノシシから品種改良されたものであるため種間雑種ではありませんが、和歌山県すさみ町の特産品として知られています。アイガモやイノブタはそれほど頻繁に食されるものではありませんが、交雑育種によって作られているもっともっと身近なものがあります。それが野菜です。市販の野菜の90%以上は交雑育種によって作られたもので、生育が安定するなどの理由から異なる品種間で交配した雑種第一代(F1)が栽培されています。

　魚類ではどうでしょうか。多くの交雑魚(57項参照)を作ってきた近畿大学水産研究所が交雑魚を作るきっかけとなったエピソードを紹介します。時は1964年、マダイの本格的な養殖がまだ始まっていなかった頃、近畿大学は養殖マダイからの採卵に初めて成功します。この当時水産研究所で卒業研究をしていた学生さんたちは全員集合し、人数分に分けられたマダイの卵を順番にマダイの精子と人工授精していきました。ところが最後の一人となったときに準備していたマダイの精子がなくなってしまい、その学生さんはしかたなく無許可でクロダイの精子を使って人工授精しました。室内の水槽が使えず、屋外の水槽でその卵を管理していると何とマダイ×クロダイの雑種が育つことが分かり、室内の水槽への移動が許されたということです。この後、マダイ×ヘダイ(マヘダイ)、イシダイ×イシガキダイ(キンダイ)、ブリ×ヒラマサ(ブリヒラ)、カンパチ×ヒラマサ(カンヒラ)、マダイ×チダイ(マチダイ)、最近ではクエ×タマカイ(クエタマ)など続々と交雑魚を作ってきた近畿大学水産研究所ですが、この出来事が近畿大学水産研究所で交雑魚作りを始めるきっかけとなりました。その後、長年に亘って続く研究の始まりとしてとても面白いです。

第8章 養殖の課題と対策、最新の技術を知ろう

61 国内の養殖事情

養殖の重要性が高まり大規模経営体化が進む

過去20年間の推移を見ると、わが国の漁業全体の生産量は1996年の741・7万トンから2016年には435・9万トンと4割以上減少していますが、その中で海面養殖生産量はほぼ横ばいで比較的安定しています。従って、漁業全体における養殖業の重要性は高くなってきているといえます。そうした中、養殖業に大きな変化も起きています。1993年から2013年までのブリ類および マダイの養殖生産量と経営体数の推移を示す5年ごとのデータをみると、養殖生産量はマダイはやや減少しブリ類ではほとんど変化していないのに対し、経営体数はブリ養殖およびマダイ養殖ともに6割以上も大きく減少しています。これは、家族経営のような小規模の経営体の多くが倒産あるいは廃業し、残された養殖漁場（漁業権）を大規模経営体が買収して拡大している例が多いということです。小規模な経営体を漁業協同組合がまとめて、養殖から加工、輸出を含む出荷までをサポートしているところもあり、必ずしも小規模な経営体が生き残れないということではありませんが、大きな流れとして大規模経営化が進んでいます。

養殖が抱える問題の一つに、魚粉の高騰があります。魚粉は最も重要な飼料原料ですが、近年中国による輸入量が大きく増加し、南米で漁獲される魚粉の原料が減少していることなどから、魚粉の入手が困難になっています。養殖魚の市場価格が変わらない中、飼料の価格が上がっているので養殖経営は大変厳しい状況にあります。

養殖業が今後持続的に発展していくためには62項以降で紹介される、輸出を促進して生産量を増加することや、認証制度によって養殖魚の価値を高めること、魚粉や魚油をできるだけ減らして飼料コストを削減することなど、次世代にとって魅力ある養殖業にするための革新的な改善が必要です。

要点BOX
- ●飼料原料の高騰に対する対応が大きな課題
- ●輸出促進による生産量の増加と、認証制度の活用による養殖魚の高価値化がカギ

魚種別の養殖収穫量推移（海面養殖）

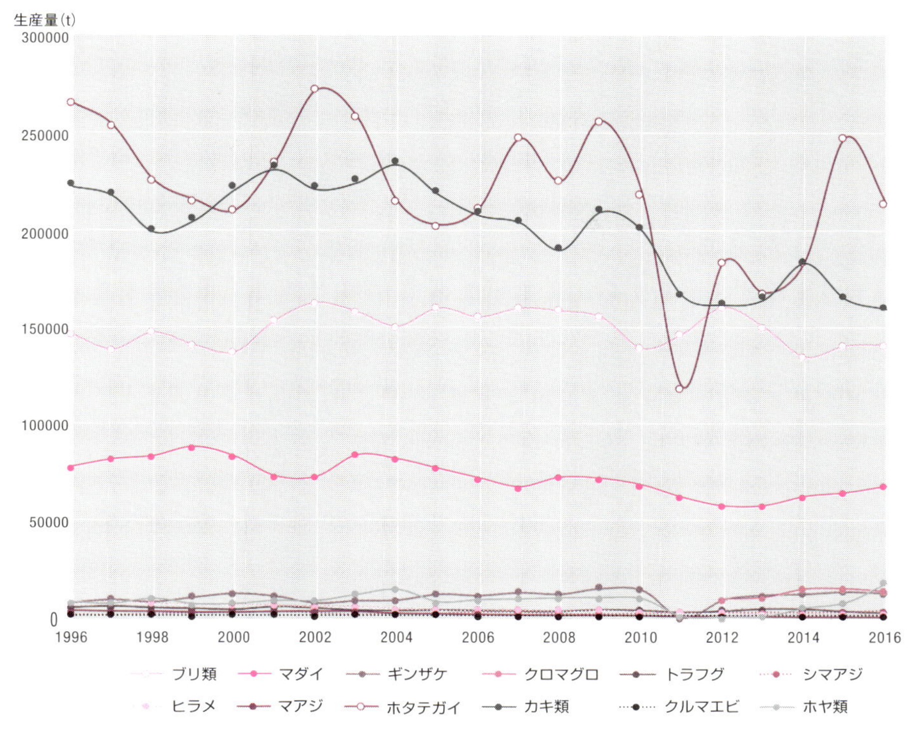

海面養殖における養殖魚別収穫量の推移（1996年～2016年）

養殖生産量と経営体数

生産量（t）

	ブリ類		マダイ	
	養殖生産量	経営体数	養殖生産量	経営体数
1993	141,646	1,725	72,696	1,423
1998	146,869	1,284	82,516	1,258
2003	157,568	1,023	83,002	1,009
2008	158,300	839	71,588	753
2013	149,621	632	56,861	535

ブリ類およびマダイの養殖生産量および経営体数の推移

漁業・養殖業生産統計（農林水産省）

62 輸出される養殖魚

輸出を促進して養殖生産量を増やす

現在、最も多く輸出されている養殖魚はブリで、ほとんどが冷凍や冷蔵のフィレに加工して輸出されています。２００８年には輸出量が約２５０５トンであったものが、２０１７年には約９０４７トンと大きく増加しています。輸出先は80%以上がアメリカで、最近では香港や中国にも3%程度がそれぞれ輸出されています。ブリに次いで多いのはマダイで、ほとんどが活魚として韓国に輸出されています。２００８年の輸出量は約５６６０トンでしたがその後減少し、２０１７年では約２１６４トンとなっています。その他、それほど輸出量は多くありませんが冷蔵のクロマグロも中国、アメリカ、香港、タイ、シンガポールなどに輸出されていて、２０１６年の数量は約１００トンとなっています。

61項で述べたとおり、わが国の養殖生産量はほぼ横ばいで推移しており、生産量が増大すると価格が低迷する傾向にあるので、国内消費による養殖生産量の大幅な増加は望めません。そこで世界的な日本食ブームに乗せて養殖魚の輸出を促進することで、養殖生産量を増大させることに期待が高まっています。

養殖魚を輸出するためには、いくつかのクリアすべき項目があります。まずは、63項で述べられるような持続可能性に関する国際認証を取得することです。最近は認証を受けた水産物でないと取引できないように変わってきています。また、輸出先の国あるいは地域によって衛生基準が異なるため、輸出先の基準をクリアする必要があります。海外でも寿司や刺身として生食されることが多いわが国の養殖魚の場合、鮮度や色をいかに保つかということも重要です。輸出は国内流通より時間がかかるため冷凍することが多くなりますが、技術開発を進め、冷凍と解凍による鮮度や色の変化を極力少なくすることが輸出を増大させる鍵となります。

要点BOX
- ●ブリは米国、マダイは韓国へ輸出されている
- ●持続可能性に関する国際認証の取得、冷凍技術の改善が輸出拡大のカギ

養殖魚の輸出を促進する

輸出促進のために

- 持続可能性に関する国際認証を取得
- 輸出先に合った衛生基準を満たす
- 冷凍技術の開発で鮮度を維持

輸出される魚

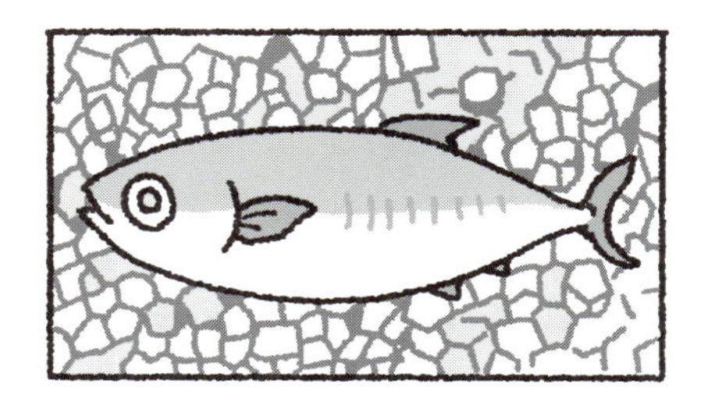

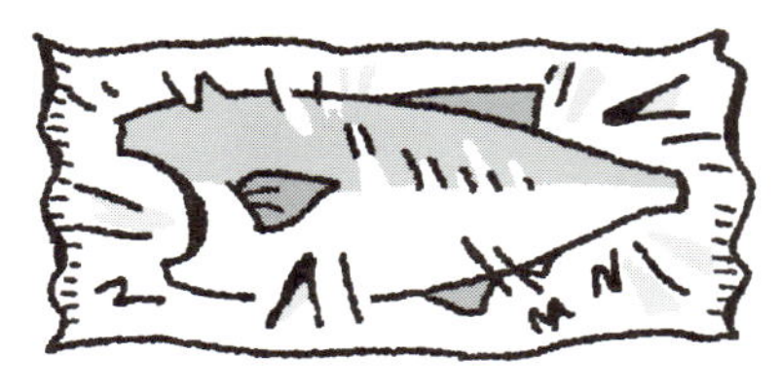

63 養殖魚の価値を高める認証制度

環境や天然資源の保全から始まった

水産エコラベルはご存知ですか。生産から小売店までの流通状況を追跡でき、環境や天然資源に優しい水産物であることを証明するラベルです。もともとは環境や資源の保全を目的に、環境非政府組織（環境ＮＧＯ）や大型の小売企業が始めた制度です。

エコラベルは、まず非営利組織などの団体（スキーム・オーナー）が国際基準に基づいて「原則と基準」を作成します。商品がエコ商品であることを生産者ではなく、中立で公正な認証機関が審査して認証します。これが第三者認証制度です。認証する機関が基準に沿って審査できる力量があるかどうかは、認定機関が認定します。利害関係のない複数の組織が関わることで、エコ商品の認定に対して信頼度が増すことになります。しかし、商品がエコであることを証明するための認証審査やラベルの使用などにお金がかかります。消費者は、エコラベルによって資源や環境の保全と持続可能で安全なエコ商品を選択できますが、そのためのコストを負担することが必要です。欧米では資源や環境の保全に対して意識が高く、商品にはエコラベルが求められています。そのため、エコラベルは欧米で商品を売るための必須アイテムとなっています。今後日本でも広まっていくでしょう。

養殖に関する認証では、世界的に認められているＡＳＣ、国内ではＡＥＬとＭＥＬがあり、これらは、2020年の東京オリンピック・パラリンピックにおける水産物調達のための正式認証となっています。また、2017年には「持続可能な水産養殖のための種苗認証」制度が設立され、持続的養殖生産が可能な人工の種苗を利用した養殖を後押ししています。2019年1月、この制度は日本農林規格（ＪＡＳ）の認定基準となりました。

要点BOX

- ●水産エコラベルは環境NGOや世界的小売企業を中心として取り組んでいる
- ●海外との取引に必須のアイテムとなっている

水産認証制度の仕組み

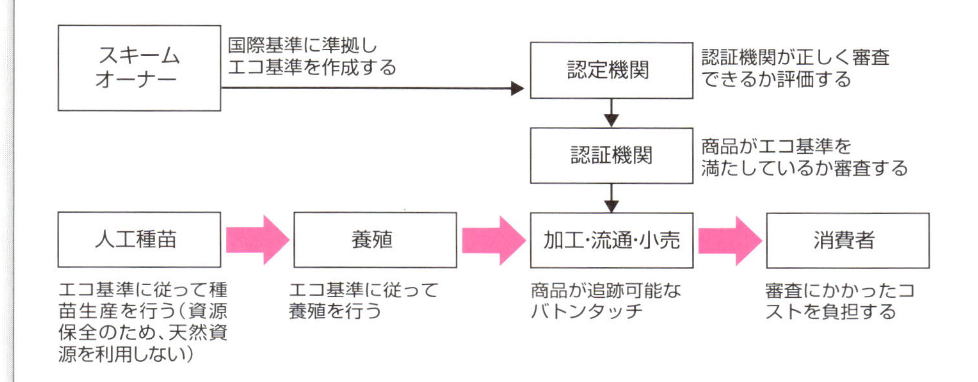

養殖(魚)のエコラベル

エコラベル	発足年·国	スキームオーナー	ラベル
ASC	2010 オランダ	Aquaculture Stewardship Council (水産養殖管理協議会)	
AEL	2010 日本	(一般社団法人)日本食育者協会	
MEL	2016 日本	(一般社団法人)マリン·エコラベル·ジャパン協議会	
SCSA	2017 日本	(特定非営利活動法人)持続可能な水産養殖のための種苗認証協議会	

64 魚粉・魚油に替わるタンパク質・脂質源

魚の餌も開発研究が進む

第5章のコラムでも紹介したように、魚の餌のタンパク質源として最も多く使用されている原料は魚粉です。また、脂質源として最も多く使用されている原料は魚油です。魚粉も魚油も、多穫性の小魚や、食用に加工した魚の残渣から製造されるのですが、これらの原料となる魚の漁獲量は年々減少しています。一方で、世界の魚類養殖生産量は、中国における淡水魚増産を主因として増加し続けており、2014年には5000万トン近くにまで達しました。これにより、魚粉や魚油の供給はますます逼迫してきています。

現在、魚粉に替わるタンパク質源として、主に大豆粕やコーングルテンミールなどの植物性タンパク質が用いられています。しかし、それ以外のタンパク質源はコストや供給の面で不安があり、あまり多く利用されていません。また、大豆粕などの植物性タンパク質は、アミノ酸の不足による成長速度の低下や、摂餌性、抗病性の低下といった問題があり、魚粉の全てを代替することはできません。

近年、昆虫や菌体、藻類などの新しい原料を、魚粉の代替源として利用しようとする動きが高まっています。価格やイメージなど、乗り越えるべき問題は多いですが、魚粉不足を解消する次世代の原料として期待されています。一方、魚油はドコサヘキサエン酸（DHA）やエイコサペンタエン酸（EPA）といったω3高度不飽和脂肪酸（ω3-HUFA）を豊富に含み、多くの魚種でこれらを一定量必要とすることが分かっています。現在では、魚油の一部が大豆油やパーム油などの植物性油脂で代替されていますが、上記の理由から完全な代替には至っていません。この問題を解決すべく、ω3-HUFAを含む藻類が生産され始めました。価格面でまだ現実的ではないものの、将来、魚油を完全に代替するものとして期待されています。

要点BOX

- ●大豆粕やコーングルテンミールが餌になる
- ●昆虫や菌類、藻類の使用も研究されている
- ●魚油も植物性油脂への代替が進む

魚粉に替わるタンパク質源

コーングルテンミール

65 養殖でICTを利用

スマート養殖による効率化

養殖では、漁場環境の観測と記録、給餌、網揚げ、網の洗浄、出荷、加工などのほか、魚の数や大きさを測定するなど、さまざまな作業があります。これまで人の手で行っていたこれらの作業は、機械化が進み、力仕事や人手不足などが解消されつつあります。例えば自動給餌機、自動網洗い機、自動三枚おろし機など、多くの作業に機械が利用されています。最近では、パソコンを利用した情報通信技術（ICT）が取り入れられ、さらに省力化と迅速化が進んでいます。養殖漁場の海水中に設置された観測装置から、水温や溶存酸素量のデータ、赤潮、魚病の発生情報など、さまざまな情報を収集してパソコンで処理し、さらにそれをスマートフォンで見られるようになっています。さらに生簀網に設置された水中カメラを通して魚の状態や摂餌行動を観察し、自動給餌機から供給する餌の量を遠隔操作で調整することも可能になっています。またビデオカメラや魚群探知機で得た生簀網の中の情報を画像解析ソフトを使って魚の大きさや数を高い精度で推定する技術の開発も進んでいます。

種苗生産の現場では、稚魚の計数や変形魚の排除などの熟練作業に「モノのインターネット」（IoT）や人工知能（AI）が利用されようとしています。機械同士がインターネットで繋がれ、情報をパソコンが処理し、最適な作業を進めるのです。3K（キツイ、キタナイ、キケン）と言われた養殖業も変わりつつあります。

しかし、機械に必要な投資が大きく中小の養殖業者が導入することは困難です。また、海面養殖では機械が錆びやすく、維持・管理も大変で、ICTやIoTが普及しにくい最大の原因となっています。

要点BOX
- ●生簀内の様子を遠隔監視できる
- ●IoTやITの導入で3Kの現場が変わる
- ●機械の投資額が高く、維持・管理も大変

用語解説

ICT：Information and Communication Technology
IoT：Internet of Things
AI：Artificial Intelligence

66 養殖魚の将来像

日本の魚食文化を支える養殖魚

国内の飲食店やスーパーなどで目にする海面養殖魚のトップはサーモン、ついでブリ、マダイでしょう。養殖サケ・マス類の主産地であるノルウェー、チリで2016年に生産された量は123万トンで、世界における海面養殖魚の総生産量のうち、およそ46％を占めています。また、両国から日本に輸出される量は18万トンに達しています。国内の養殖生産量はブリ類（ブリ、カンパチ、ヒラマサ）が14万トン、マダイを合わせると21万トンで、海面養殖魚の生産量の84％を占めています。このように、国内に流通している養殖魚の種類はごくわずかです。成長や生態の異なる魚種を生産するよりも、単一の魚種を生産する方が経営的には有利なので、今後もこのような傾向が拡大してゆくと考えられます。

一方、四方を海に囲まれている日本には、海水魚約1万5000種のうち、25％にあたる約3700種が生息しています。食用として多くの魚が利用され、地域ごとに特産の魚がおり、多種多様な食文化を形作ってきました。しかし、特産種の多くは資源量が少なく、過剰な漁獲によって、いとも簡単に絶滅危惧種となる危険性をあわせ持っています。

世界人口の増加に伴い、食料を増産するために規模の大きな養殖産業が今後も拡大していくと思います。養殖される魚は生産性や経済性を重視した品種（第7章を参照）、さらには「持続可能な開発目標（SDGs）」に配慮した資源の利用が必要となるため、限られた魚種の生産が主体とならざるを得ないでしょう。

我が国の養殖業の未来像とはどのようなものでしょうか？　近年は外国からの観光客が急増し、特に和食を楽しむことを目的として来日する旅行客も増えてきました。日本の養殖業に、我が国固有の魚食文化を守り、豊かな食生活を支えていく将来像を期待しています。

要点BOX

- ●世界の傾向は小品種多生産
- ●完全養殖による多品種の養殖で、日本の豊かな食生活を支える

養殖の未来図

大規模種苗生産 少ない品種を大量に生産

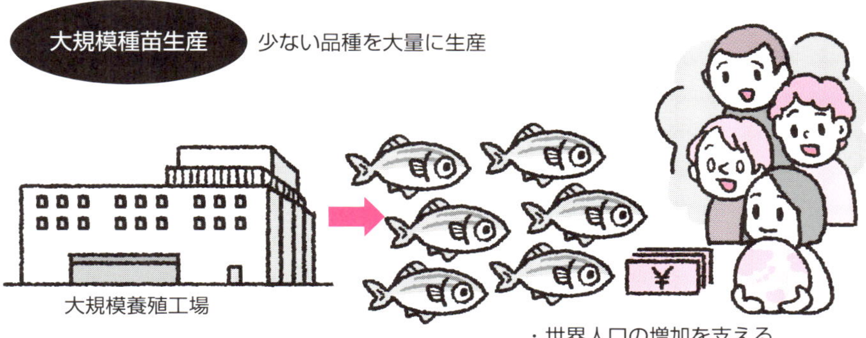

・世界人口の増加を支える
・同じ種類の魚を育てるほうがコストを抑えられる

小規模種苗生産 多くの品種を少しずつ生産

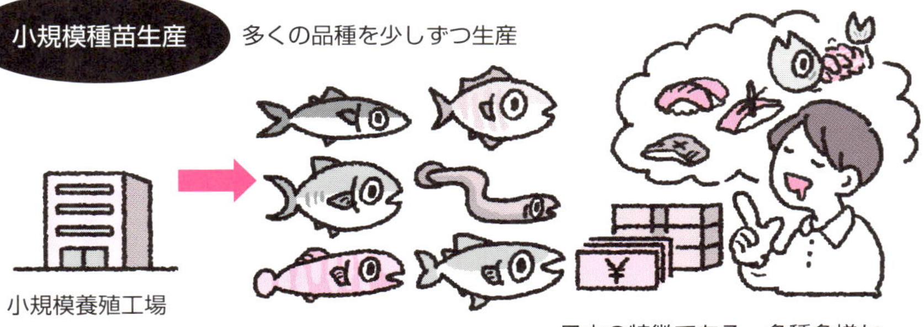

・日本の特徴である、多種多様な魚食文化を支える
・訪日客に日本の食文化を伝える

用語解説

持続可能な開発目標（Sustainable Development Goals）：2015 年に国連で採択された国際目標。2016 年から 2030 年までに達成すべき環境や開発に関する 17 の目標が掲げられ、その一つに「海の豊かさを守ろう」というものがある。

Column

魚と植物を同時に育てるアクアポニックス

アクアポニックスは、魚介類養殖（アクアカルチャー）と植物の水耕栽培（ハイドロポニックス）を組み合わせた生物生産法で、名称も両者の英名を組み合わせた用語になっています。野菜などが、魚介類の排泄するアンモニア態窒素を直接、あるいは濾過槽の硝化細菌で分解した硝酸態窒素を吸収することで、動植物を同時に育てることができます。また、糞や残餌も同様に分解されて利用されるため、飼育水が浄化されて再利用され、排泄物などで育った植物は有機栽培になります。廃棄物が少なく、動植物の生態系を利用した環境に優しい生産方式であり、以前からティラピア、ナマズ、オニテナガエビ、フナ、コイなどの淡水魚養殖に粗放的なアクアポニックスが利用されてきました。アクアポニックスは都市部でも実施でき、最近は新しいビジネスとして注目されて、様々な商品やサービスが展開されつつあります。

しかし、アクアポニックスは主に野菜を対象にしているために淡水魚でしか実用化されておらず、国内では食料生産としての産業化はあまり進んでいません。この原因の一つは、魚介類飼育水と水耕栽培の養液の窒素濃度に大きな違いがあるためです。魚介類の排泄するアンモニア態窒素やそれが分解された亜硝酸態窒素は毒性が高く、魚種によっては比較的毒性の低い硝酸態窒素にまで分解しても、悪影響の出る場合があります。一方、水耕栽培に必要な窒素濃度はそれよりも高いため、植物にとっては窒素量が不足することもあります。このため、水の汚れに強いティラピア、ナマズ、フナ、コイなどには向いていますが、国内ではあまり普及していないのが現状です。

一方、海産魚介類では、海藻との組み合わせによる複合養殖が検討されてきました。魚類では海水魚とアナアオサが、貝類ではアワビとスジアオノリなどの複合養殖が検討されました。最近では、塩湿地に生育するシーアスパラガス（厚岸草）を養殖排水で育てるアクアポニックスや、微細藻を増やして再生エネルギーの生産を行う研究なども進められています。

これらの生産方式は、２種類以上の生物を複合飼育する難しさを伴いますが、動植物の環境制御技術が進むことで生産が容易になり、経費削減にも効果的で、今後ますます発展すると期待されています。

【参考文献】

「最古の歴史と最大の生産量を誇る中国のコイ類養殖産業」曽雅・任同軍、「養殖ビジネス 2015 年 2 月号」緑書房

“Textbook of Fish Culture: Breeding and Cultivation of Fish” Marcel Huet, J. A. Timmermans, Fishing News Books Ltd

「世界のナマズ食文化とその歴史」、寺嶋昌代・萩生田憲昭、「日本食生活学会誌 25 巻 3 号」日本食生活学会

「平成 25 ～ 29 年度水産白書」水産庁

「浅海養殖」社団法人資源協会編著、大成出版社

「増補改訂版 養殖の餌と水－陰の主役たち」杉田治男編、恒星社厚生閣

「後期仔魚の食性の研究」横田滝雄、「南海区水産研究所報告 13 号」南海区水産研究所

「改訂 水産海洋ハンドブック」竹内俊郎・中田英昭・和田時夫・上田宏・有元貴文・渡辺終五・中前明編著、生物研究社

「海水魚－水産増養殖システム 1」熊井英水編、恒星社厚生閣

“Advances in Tuna Aquaculture: From Hatchery to Market”, Daniel Benetti, Gavin Partridge, Alejandro Buentello Academic Press

「最新 海産魚の養殖」熊井英水編、湊文社

「国内におけるサーモン海面養殖について」黒川忠英、「SALMON 情報 No.11」北海道区水産研究所

「水産生物における交雑育種」村田修・家戸敬太郎、「日本水産学会誌 78 巻 2 号」日本水産学会

「雑種形成による新規海産養殖魚」升間主計、「アグリバイオ 2018 年 4 月号」北隆館

「養殖魚における TILLING 法を用いた品種改良技術の確立」黒柳美和・木下政人・吉浦康寿、「化学と生物 2018 年 8 月号」日本農芸化学会

「水産育種分野におけるゲノム編集技術の利用」岸本謙太・鷲尾洋平・豊田敦・吉浦康寿・家戸敬太郎・木下政人、「DNA 鑑定 Vol.9」DNA 鑑定学会

ホームページ

FAO Fisheries & Aquaculture Department; http://www.fao.org/fishery/species/3298/en.

FAO Fisheries & Aquaculture Department; http://www.fao.org/fishery/species/2497/en.

AquaBounty Technologies, Inc.; https://aquabounty.com/our-salmon/

マルハニチロ株式会社 ; https://www.maruha-nichiro.co.jp/

索引

今日からモノ知りシリーズ
トコトンやさしい
養殖の本

NDC 666

2019年2月19日　初版1刷発行
2022年1月14日　初版2刷発行

ⓒ編者　近畿大学水産研究所
発行者　井水 治博
発行所　日刊工業新聞社
東京都中央区日本橋小網町14-1
(郵便番号103-8548)
電話　書籍編集部　03(5644)7490
販売・管理部　03(5644)7410
FAX　03(5644)7400
振替口座　00190-2-186076
URL　https://pub.nikkan.co.jp/
e-mail　info@media.nikkan.co.jp
印刷・製本　新日本印刷(株)

●DESIGN STAFF
AD――――志岐滋行
表紙イラスト――――黒崎　玄
本文イラスト――――角　一葉
ブック・デザイン――大山陽子
(志岐デザイン事務所)

●
落丁・乱丁本はお取り替えいたします。
2019 Printed in Japan
ISBN　978-4-526-07944-3　C3034

●編者
近畿大学水産研究所
https://www.flku.jp/

●監修者
升間　主計(ますま　しゅけい)
特任教授　水産研究所　所長　白浜実験場　兼　奄美実験場兼任　奄美実験場長(兼任)

●執筆者一覧
家戸　敬太郎(かと　けいたろう)
【第1章1,4,8,第4章34,35,40,第7章55,56,コラム,第8章61,62】
教授　水産研究所白浜実験場　兼　富山実験場兼任　白浜・富山実験場長(兼任)

田中　秀樹(たなか　ひでき)
【第1章2,5,第4章37】
教授　水産研究所浦神実験場　浦神実験場長

稲野　俊直(いねの　としなお)
【第1章3,第4章38】
准教授　水産研究所新宮実験場　新宮実験場長

太田　博巳(おおた　ひろみ)
【第1章6,9,コラム,第4章39,43,第7章58】
近畿大学　名誉教授

澤田　好史(さわだ　よしふみ)
【第1章7,第2章19,20,コラム,第3章31-33,コラム】
教授　農学部水産学科　兼　水産研究所大島実験場　大島実験場長

中田　久(ちゅうだ　ひさし)
【第2章10,16-18,第4章36】
准教授　水産研究所白浜実験場　白浜実験場長代理

升間　主計(ますま　しゅけい)
【第2章11-15,第3章21-27,29,30,第8章63,65,66】

石橋　泰典(いしばし　やすのり)
【第3章28,第4章41,42,コラム,第8章コラム】
教授　農学部水産学科　兼　アグリ技術革新研究所兼任

ビッシャシュ・アマル
【第5章44-47】
准教授　水産研究所浦神実験場　浦神実験場長代理

石丸　克也(いしまる　かつや)
【第5章48,49】
講師　水産研究所白浜実験場

白樫　正(しらかし　しょう)
【第5章49,50】
准教授　水産研究所白浜実験場

高桑　史明(たかくわ　ふみあき)
【第5章コラム,第8章64】
講師　水産研究所浦神実験場

中瀬　玄徳(なかせ　げんとく)
【第6章51-54,コラム】
元講師　水産研究所富山実験場

鷲尾　洋平(わしお　ようへい)
【第7章57,60】
講師　水産研究所白浜実験場

阿川　泰夫(あがわ　やすお)
【第7章59】
講師　水産研究所大島実験場